技工院校一体化课程教学改革规划教材
编审委员会

主　任：童华强

副主任：包英华

委　员（以姓氏笔画为序）

　　　　仪　忠　包英华　朱永亮　刘雁生　刘　斌

　　　　轩书堂　张　萌　张献锋　袁　骡　商建东

　　　　韩　强　程　华　童华强　蔡夕忠　廖振勇

技工院校一体化课程教学改革规划教材

水中营养盐
指标检测 工作页

SHUIZHONG YINGYANGYAN
ZHIBIAO JIANCE
GONGZUOYE

石全波 ◎主编　戴 戎 ◎副主编
童华强 ◎主审

化学工业出版社

·北京·

本书主要包含"地表水中氨氮含量测定"、"生活污水中硝酸盐氮含量测定"、"地表水中总磷含量测定"、"生活污水中表面活性剂含量测定"四个环境保护与检测专业中级工学习任务，通过四个学习任务来整合环境保护与检验专业中级工学生处理和解决问题所涉及的技能点和知识点。本书适合相关专业教师、师生及技术人员参考阅读。

图书在版编目(CIP)数据

水中营养盐指标检测工作页/石全波主编 . —北京：
化学工业出版社，2016.1（2023.8 重印）
技工院校一体化课程教学改革规划教材
ISBN 978-7-122-21342-6

Ⅰ. ①水… Ⅱ. ①石… Ⅲ. ①营养盐-水质监测
Ⅳ. ①X832

中国版本图书馆 CIP 数据核字（2014）第 154106 号

责任编辑：曾照华   装帧设计：韩　飞
责任校对：边　涛

出版发行：化学工业出版社（北京市东城区青年湖南街 13 号　邮政编码 100011）
印　　装：北京科印技术咨询服务有限公司数码印刷分部
787mm×1092mm　1/16　印张 10¾　字数 257 千字　2023 年 8 月北京第 1 版第 2 次印刷

购书咨询：010-64518888（传真：010-64519686）　售后服务：010-64518899
网　　址：http://www.cip.com.cn
凡购买本书，如有缺损质量问题，本社销售中心负责调换。

定　　价：32.00 元

序

所谓一体化教学的指导思想是指以国家职业标准为依据，以综合职业能力培养为目标，以典型工作任务为载体，以学生为中心，根据典型工作任务和工作过程设计课程体系和内容，培养学生的综合职业能力。在"三三则"原则的基础上，在课程开发实践中，我院逐步提炼出课程开发"六步法"：即一体化课程的开发工作可按照职业和工作分析、确定典型工作任务、学习领域描述、项目实践、课业设计（教学项目设计）、课程实施与评价六个步骤开展。借助"鱼骨图"分析技术，按照工作过程对学习任务的每个环节应学习的知识和技能进行枚举、排列、归纳和总结，获取每个学习任务的操作技能和学习知识结构；同时，利用对一门课的不同学习任务鱼骨图信息的比较、归类、分析与综合，搭建出整个课程的知识、技能的系统化网络。

一体化课程的工作页，是帮助学生实现有效学习的重要工具，其核心任务是帮助学生学会如何工作。学习任务是指典型工作任务中，具备学习价值的代表性工作任务。学习目标是指完成本学习任务后能够达到的行为程度，包括所希望行为的条件、行为的结果和行为实现的技术标准，引导学习者思考问题的设计。为了提高学习者完成学习任务的主动性，应向学习者提出需要系统化思考的学习问题，即"引导问题"，并将"引导问题"作为学习工作的主线贯穿于完成学习任务的全部过程，让学生有目标地在学习资源中查找到所需的专业知识、思考并解决专业问题。

本书以环境保护与检测专业水质分析中典型工作任务为基础，以"接受任务、制定方案、实施检测、验收交付、总结拓展"五个工作环节为主线，详细编制了分析检验操作过程中的作业项目、操作要领和技术要求等内容。本书的最大特点是突出了"完整的操作技能体系和与之相适应的知识结构"的职业教育理念，精心设计了"总结与拓展"环节，并制定了教学环节中的"过程性评价"。本书章节编排合理，内容系统、连贯、完整，图文并茂，实操性强，具有较强的实用性。在本书的编写过程中，我们得到了北京市环境保护监测中心、北京市城市排水监测总站有限公司、北京市理化分析测试中心等单位的多名技术专家老师的指导，在此表示衷心的感谢。

编者
2015 年 6 月

前　言

水中营养盐指标检测工作页
SHUIZHONG YINGYANYAN
ZHIBIAO JIANCE
GONGZUOYE

　　本书主要适用环境保护与检验专业，针对全国开设环境保护与检验专业中水质分析检测方面的技工院校和中职学校。

　　本书是针对环境保护与检验专业中水质分析检测方面一体化技师班学习"水中营养盐指标检测"专业知识编写的一体化课程教学工作页之一。 主要包含"地表水中氨氮含量测定"、"生活污水中硝酸盐氮含量测定"、"地表水中总磷含量测定"、"生活污水中表面活性剂含量测定"四个环境保护与检测专业中级工学习任务，通过四个学习任务来整合环境保护与检验专业中级工学生处理和解决问题时涉及的技能点和知识点。

　　本书主要使用引导性问题来引领学生完成学习任务。 书中大量使用仪器图及结构原理图，使学生在学习上直观易懂，在问题设置上前后衔接紧密，不论是教师教学还是学生学习都能按照企业实际工作流程一步一步完成任务，真正做到一体化教学。

编者
2015 年 6 月

目 录

地表水中氨氮含量测定

任务书

一、任务情景描述

　　水中的氨氮可以在一定条件下转化成亚硝酸盐，如果长期饮用，水中的亚硝酸盐将和蛋白质结合形成亚硝胺，这是一种强致癌物质，对人体健康极为不利。

　　氨氮对水生物起危害作用的主要是其中的游离氨，其毒性比铵盐大几十倍，并随碱性的增强而增大。 氨氮毒性与池水的 pH 值及水温有密切关系。 一般情况，pH 值及水温愈高，毒性愈强。 氨氮对水生物的危害有急性和慢性之分。 慢性氨氮中毒危害表现为：摄食降低，生长减慢，组织损伤，降低氧在组织间的输送。 鱼类对水中氨氮比较敏感，当氨氮含量高时会导致鱼类死亡。 急性氨氮中毒危害表现为：水生物表现亢奋、在水中丧失平衡、抽搐，严重者甚至死亡。

富营养化河面

　　我院受某某单位的委托，要对位于 XX 地区的地表水按照 HJ 535-2009《水质氨氮的测定纳氏试剂分光光度法》对水中氨氮含量进行检验，填写检测报告，报出检测结果。 并按照《地表水环境质量标准》对检测出的结果给予评价。 该学习任务要由环保系在校二年级学生完成。

　　承担该项任务的检测员，根据教师（或实验室辅导教师）派发任务的要求，依据 HJ 535-2009

标准［或行业标准、或《水和废水监测分析方法》(第四版)］要求制定实验室检测计划,准备仪器试剂,实施检测;并与指导教师(或实验室辅导教师)沟通,复核检测结果,提交原始记录,出具检测报告;按照实验室管理规范清洁整理,保养设备并填写记录。

　　检测过程中,实验员在总磷检测过程中按 HJ 535-2009 相关规定执行,过程记录完整,质控监测合格。

 ## 二、学习活动及课时分配表(表1-1)

表 1-1　学习活动及课时分配表

活 动 序 号	学 习 活 动	学 时 安 排	备　　注
1	接受任务	6 学时	
2	制定方案	8 学时	
3	实施检测	48 学时	
4	验收交付	8 学时	
5	总结拓展	10 学时	
合计		80 学时	

学习活动一　接受任务

建议学时：6学时

　　学习要求：通过本活动明确本项目的任务和要求，学习测定水中氨氮的方法并编写出检测分析报告，具体要求及学时安排见表1-2。

表 1-2　具体要求及学时安排

序号	工 作 步 骤	要　　求	建议学时	备注
1	识读任务单	在20分钟内清晰总结描述任务名称及要求	0.5学时	
2	纳氏试剂分光光度法检测用仪器	在20分钟内完成，能够说明选择检测方法所用的化学试剂、仪器设备	0.5学时	
3	确定检测方法的依据	在45分钟内完成，说明选择的检测方法理由	1学时	
4	编写任务分析报告	在135分钟内完成编写，任务描述清晰，检验标准符合要求，试剂、材料与流程表及检测标准对应	3学时	
5	环节评价		1学时	

一、识读任务单（表 1-3）

表 1-3　QRD-1101　样品检测委托单

委托单位基本情况					
单位名称	北京市城市排水监测总站责任有限公司				
单位地址	北京市朝阳区来广营甲 3 号				
联系人	×××	固定电话	×××	手机	×××
样品情况					
委托样品	□水样√		□泥样	□气体样品	
参照标准	HJ 535-2009《水质 氨氮的测定 纳氏试剂分光光度法》				
样品数量	12 个	采样容器	塑料桶装瓶	样品量	各 2L
样品状态	□浊　　□较浊√　　□较清洁　　□清洁　　□黑色　　□灰色　　□其他颜色				
检测项目					

常规检测项目

□液温	□pH	□悬浮物	□化学需氧量	□总磷 □氨氮√
□动植物油	□矿物油	□色度	□生物需氧量	□溶解性固体 □氯化物
□浊度	□总氮	□溶解氧	□总铬	□六价铬 □余氯
□总大肠杆菌	□粪大肠杆菌	□细菌总数	□表面活性剂	

金属离子检测项目

□总铜	□总锌	□总铅	□总镉	□总铁 □总汞
□总砷	□总锰	□总镍		

其他检测项目

□钙	□镁	□总钠	□钾	□硒 □锑
□硼	□酸度	□碱度	□硬度	□甲醛 □苯胺
□硫酸盐	□挥发酚	□氰化物	□总固	□氟化物 □硝基苯
□硫化物	□硝酸盐氮	□亚硝酸盐氮	□高锰酸盐指数	
□污泥含水率	□灰分	□挥发分	□污泥浓度	

备注		
样品存放条件	√室温\避光\冷藏(4℃)	样品处置　□退回　□处置(自由处置)
样品存放时间	H₂SO₄,pH≤2　　24h	
出报告时间	□正常(十五天之内)　□加急(七天之内)√	

1. 从阅读任务单，你能得到下列信息

（1）委托检测单位＿＿＿＿＿＿＿＿＿＿＿＿＿＿＿＿＿＿＿＿＿＿＿＿

（2）委托人＿＿＿＿＿＿＿＿＿＿＿＿

（3）委托样品＿＿＿＿＿＿＿＿＿＿；数量＿＿＿＿＿＿＿＿＿；包装＿＿＿＿＿＿＿＿；单个样品量＿＿＿＿＿＿＿＿＿

（4）还有哪些总结的信息＿＿＿＿＿＿＿＿＿＿＿＿＿＿＿＿＿＿＿＿＿＿

2. 总结　请你寻找核心词用一句话说明工作任务＿＿＿＿＿＿＿＿＿＿＿＿＿＿＿

＿＿

3. 查阅资料，确定本检测参照标准是（　　　）

A. GB/T 1505—2002；

B. HJ 535—2009 ；

C. GB/T 4789.31—2003；

D. GB 5750-2006

4. 完成此工作的要求是_____

5. 阅读资料

（1）查阅水质检测标准或《水质分析》(第四版)，解读任务内涵，回答表1-4中问题。

表 1-4　检测方法适用范围及方法说明

检 测 任 务	检 测 方 法	适用范围及方法说明
水中氨氮		

（2）解读"纳氏试剂分光光度法"方法？

_____

_____

（3）地表水中氨氮的测定意义和表示方法

① 测定的意义

氨氮是水体中的_____，可导致水_____现象产生，是水体中的主要_____污染物，对_____及某些水生生物有毒害。

② 表示方法（以什么计）_____

③ 单位_____

④ 公式中各项的意义_____

（4）任务要求我们检测水中的氨氮指标，请你回忆一下，之前检测过水的哪些指标呢？采用的是什么方法？（表1-5）

表 1-5　指标及采用方法

序　号	指　标	采 用 方 法
1		
2		
3		
4		
5		

二、纳氏试剂分光光度法检测用仪器

1. 写出下列检测用的仪器的名称。

（1）

（2）

2. 写出试剂（表 1-6）

表 1-6 试剂化学名称及分子式

序　号	试剂化学名称及分子式	备　注
1		
2		
3		
4		
5		
6		
7		
8		
9		
10		

三、确定检测方法的依据

写出你选择检测方法的依据＿＿

四、编写任务分析报告（表 1-7）

表 1-7 任务分析报告

任务分析报告

委托单位 ＿＿＿＿＿＿＿＿＿＿＿＿＿＿＿＿＿＿＿

项目联系人 ＿＿＿＿＿＿＿＿＿＿＿＿＿＿＿＿＿＿

委托样品 ＿＿＿＿＿＿＿＿＿＿＿＿＿＿＿＿＿＿＿

检测项目 ＿＿＿＿＿＿＿＿＿＿＿＿＿＿＿＿＿＿＿

样品存放条件＿＿＿＿＿＿＿＿＿＿＿＿＿＿＿＿＿

序号	可选用方法	主要仪器	测定原理

选定的方法为＿＿＿＿＿＿＿＿＿＿＿＿＿＿＿＿＿＿＿＿,原因如下：

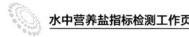

五、环节评价（表1-8）

表 1-8　环节评价

评分项目			配分	评分细则	自评得分	小组评价	教师评价
素养 (40分)	纪律 情况 (15分)	不迟到、早退	5分	违反一次不得分			
		积极思考回答问题	5分	不积极思考回答问题扣1~5分			
		学习用品准备齐全	5分	违反规定每项扣2分			
		执行教师命令	0分	不听从教师管理酌情扣10~100分			
	职业 道德 (10分)	能与他人合作	4分	不能按要求与他人合作扣4分			
		追求完美	6分	工作不认真扣3分 工作效率差扣3分			
	5S (15分)	场地、设备整洁干净	5分	仪器设备摆放不规范扣3分 实验台面乱扣2分			
		操作工作中试剂摆放	5分	共用试剂未放回原处扣3分 实验室环境乱扣2分			
		服装整洁，不佩戴饰物	5分	佩戴饰物扣5分			
	综合 能力 (5分)	阅读理解能力	5分	未能在规定时间内描述任务名称及要求扣5分 超时或表达不完整扣3分 其余不得分			
		*创新能力（加分项）	5分	多渠道查阅资料加5分 优化工作顺序加1~3分			
核心 技术 (40分)	阅读 任务 (20分)	快速、准确信息提取	6分	不能提取信息酌情扣1~3分 小组讨论不发言扣1分 抄别提取信息扣3分			
		时间要求	4分	15分钟内完成得2分 每超过3分钟扣1分			
		质量要求	10分	作业项目完整正确得5分 错项漏项一项1分			
		安全要求	0分	违反一项基本检查不得分			
	填写任务分析报告情况 (20分)	资料使用	5分	未使用参考资料扣5分			
		项目完整	10分	缺一项扣1分			
		用专业词填写	5分	整体用生活语填写扣2分 错一项扣0.5分			
工作页 完成 情况 (20分)	按时 完成 工作页 (20分)	按时提交	5分	未按时提交扣5分			
		内容完成程度	5分	缺项酌情扣1~5分			
		回答准确率	5分	视情况酌情扣1~5分			
		字迹书面整洁	5分	视情况酌情扣1~5分			
得分							
综合得分（自评20%，小组评价30%，教师评价50%）							

总分	
本人签字：	组长签字：　　　　　　　　　　教师评价签字：

请你根据以上打分情况,对本活动当中的工作和学习状态进行总体评述(从素养的自我提升方面、职业能力的提升方面进行评述,分析自己的不足之处,描述对不足之处的改进措施)。

教师指导意见：

学习活动二　制定方案

建议学时: 8 学时

学习要求: 通过水质氨氮的测定纳氏试剂分光光度法检测流程图的绘制以及试剂、仪器清单的编写，完成地表水水质氨氮检测方案的编制。具体要求及学时安排见表 1-9。

表 1-9　具体要求及学时安排

序号	工 作 步 骤	要　　求	建议学时	备　　注
1	查阅标准	1. 快速阅读标准 2. 熟悉标准方法原理 3. 明确标准方法使用范围	1学时	
2	绘制检测流程表	在 45 分钟内完成，流程表符合项目要求	1学时	
3	编制试剂使用清单	清单完整，符合检测需求	1学时	
4	编制仪器使用清单	清单完整，符合检测需求	1学时	
5	填写溶液制备清单	清单完整，符合检测需求	1学时	
6	编制水质氨氮检测方案	在 90 分钟内完成编写，任务描述清晰，检验标准符合厂家要求，试剂、材料与流程表及检测标准对应	2学时	
7	环节评价		1学时	

一、查阅资料

1. 本项目所采用标准的方法原理是什么？

_____

_____

2. 哪些物质对纳氏试剂分光光度法会产生干扰？如何消除？

_____

_____

3. 本法最低检出浓度为 _____ mg/L（光度法），测定上限为 _____ mg/L。采用目视比色法最低检出浓度为 _____ mg/L。

4. _____ 作适当的预处理后，纳氏试剂分光光度法可适用于 _____ 水、_____ 水、_____ 水和 _____ 水中的 _____ 测定。

二、绘制检测流程表（表 1-10）

阅读标准，绘制水质氨氮检测工作流程表，要求操作项目具体可执行。

表 1-10 检测流程表

序　号	操 作 项 目
1	
2	
3	
4	

三、编制试剂使用清单（表 1-11）

表 1-11 试剂使用清单

序　号	试剂名称	分　子　式	试剂规格	用　途
1				
2				
3				
4				
5				
6				
7				
8				

四、编制仪器使用清单（表1-12）

表1-12　仪器使用清单

序　号	仪器名称	规　格	数　量	用　　途
1				
2				
3				
4				
5				
6				
7				
8				
9				

五、填写溶液制备清单（表1-13）

表1-13　溶液制备清单

序　号	制备溶液名称	制　备　方　法	制　备　量
1	纳氏试剂		
2			
3			
4			
5			
6			

六、编制水质氨氮检测方案（表1-14）

表1-14 水质氨氮检测方案

方案名称：_____

一、任务目标及依据

（填写说明：概括说明本次任务要达到的目标及相关文件和技术资料）

二、工作内容安排

（填写说明：列出工作流程、使用的仪器设备、试剂、人员及时间安排等）

序号	工作流程	仪器	试剂	人员安排	时间安排	工作要求

三、验收标准

（填写说明：本项目最终的验收相关项目的标准）

四、有关安全注意事项及防护措施等

（填写说明：对检测的安全注意事项及防护措施、废弃物处理等进行具体说明）

七、环节评价（表1-15）

表 1-15　环节评价

评 分 项 目			配分	评 分 细 则	自评得分	小组评价	教师评价
素养（20分）	纪律情况（5分）	不迟到,不早退	2分	违反一次不得分			
		积极思考回答问题	2分	根据上课统计情况得1~2分			
		三有一无(有本、笔、书,无手机)	1分	违反规定每项扣1分			
		执行教师命令	0分	此为否定项,违规酌情扣10~100分,违反校规按校规处理			
	职业道德（5分）	与他人合作	2分	不符合要求不得分			
		追求完美	3分	对工作精益求精且效果明显得3分 对工作认真得2分 其余不得分			
	5S（5分）	场地、设备整洁干净	3分	合格得3分 不合格不得分			
		服装整洁,不佩戴饰物	2分	合格得2分 违反一项扣1分			
	职业能力（5分）	策划能力	3分	按方案策划逻辑性得1~5分			
		资料使用	2分	正确查阅作业指导书和标准得2分 错误不得分			
		*创新能力（加分项）	5分	项目分类、顺序有创新,视情况得1~5分			
核心技术（60分）	时间（5分）	时间要求	5分	90分钟内完成得5分 超时10分钟扣2分			
	目标依据（5分）	目标清晰	3分	目标明确,可测量得1~3分			
		编写依据	2分	依据资料完整得2分 缺一项扣1分			
	检测流程（15分）	项目完整	7分	完整得7分漏一项扣1分			
		顺序	8分	全部正确得8分 错一项扣1分			
	工作要求（5分）	要求清晰准确	5分	完整正确得5分 错项漏项一项扣1分			
	仪器设备试剂（10分）	名称完整	5分	完整、型号正确得5分 错项漏项一项扣1分			
		规格正确	5分	数量型号正确得5分 错一项扣1分			
	人员（5分）	组织分配合理	5分	人员安排合理,分工明确得5分 组织不适一项扣1分			
	验收标准（5分）	标准	5分	标准查阅正确、完整得5分 错、漏一项扣1分			
	安全注意事项及防护等（10分）	安全注意事项	5分	归纳正确、完整得5分			
		防护措施	5分	按措施针对性、有效性得1~5分			

评 分 项 目			配分	评 分 细 则	自评得分	小组评价	教师评价
工作页完成情况（20分）	按时完成工作页（20分）	按时提交	5分	按时提交得5分,迟交不得分			
		完成程度	5分	按情况分别得1～5分			
		回答准确率	5分	视情况分别得1～5分			
		书面整洁	5分	视情况分别得1～5分			
总分							
综合得分（自评20%,小组评价30%,教师评价50%）							
教师评价签字：　　　　　　　　　　　组长签字：							
请你根据以上打分情况,对本活动当中的工作和学习状态进行总体评述（从素养的自我提升方面、职业能力的提升方面进行评述,分析自己的不足之处,描述对不足之处的改进措施）。 教师指导意见：							

学习活动三　实施检测

建议学时：48学时

学习要求：按照检测实施方案中的内容，完成地表水中氨氮的含量测定，分析过程中符合安全、规范、环保等5S要求，具体要求见表1-16。

表1-16　具体要求

序号	工 作 步 骤	要　　求	学时	备　注
1	安全注意事项		0.5学时	
2	配制溶液	规定时间内完成溶液配制，准确，原始数据记录规范，操作过程规范	4学时	
3	确认仪器状态	能够在阅读仪器的操作规程指导下，正确地操作仪器，并对仪器状态进行准确判断	4学时	
4	检测方法验证	能够根据方法验证的参数，对方法进行验证，并判断方法是否合适	8学时	
5	样品预处理		4学时	
6	实施分析检测	严格按照标准方法和作业指导书要求实施分析检测，最后得到样品数据	24学时	
7	填写原始记录表		1学时	
8	教师考核记录表		1.5学时	
9	环节评价		1学时	

一、安全注意事项

1. 请回忆一下，我们之前在实训室工作时，有哪些安全事项是需要我们特别注意的？现在我们要进入一个新的实训场地，请阅读《实验室安全管理办法》总结该任务需要注意的安全事项。

_____

_____

_____

_____

_____

2. 完成下题

（1）遵守实验室管理制度，禁止_____操作。

（2）洗涤玻璃仪器规范操作，防止_____划伤。

（3）化学试剂安全使用，防止_____腐蚀。

（4）用电注意安全，防止_____。

3. 配制氢氧化钠溶液的安全注意事项

_____

◆ $HgCl_2$ 和 HgI_2 为剧毒物质，须避免经皮肤和口腔接触。

试剂的配制中，注意化学试剂的腐蚀，做好个人防护。严格遵守实验室操作规章制度。在制备该溶液时，必须戴好护目镜和手套，制备完溶液后，除将手套统一处理外，还要注意及时洗脸和洗手。

此外，要注意环境、试剂和蒸馏水中含有氨氮，防止干扰测定结果。进行氨氮分析的实验室，室内不应有扬尘、铵盐类化合物，不要与硝酸盐氮等分析项目同时进行，因为硝酸盐氮测试中必须使用氨水，而氨水的挥发性很强，纳氏试剂吸收空气中的氨而导致测试结果偏高。所使用的试剂、玻璃器皿等实验用品要单独存放，避免交叉污染，影响空白值。

二、配制溶液

（一）试剂溶液制备问题

实验室用水应该用什么样的水？该项目检测对实验分析用水有什么要求？

_____

（二）请完成实验用溶液的配制，并做好数据记录（表 1-17）。

1. 填表

表 1-17　数据记录

序　号	溶液名称	溶液浓度	配　制　量	配　制　方　法

2. 无氨水纯度的检验方法。

_____

_____

3. 参照标准 HJ 535—2009，说出选择 HgI_2-KI-NaOH 配制纳氏试剂的操作要点。

_____

_____

_____

_____

4. 如何配制 1mL 含 1.00mg 氨氮的标准贮备液 1000mL？

_____

_____

_____

（三）填写溶液确认表（表1-18）。

表 1-18　氨氮检测试剂溶液确认表

序　号	试 剂 名 称	浓　度	试　剂　量	配 制 时 间	配 制 人 员	试 剂 确 认

三、确认仪器状态

1. 填写仪器确认单（表1-19）。

表 1-19　仪器确认单

序　号	仪 器 名 称	型　号	数　量	是否符合要求
1				
2				
3				
4				
5				

检查人：　　　　　　　　日期：

2. 熟练掌握仪器使用方法（表 1-20）。

表 1-20　仪器使用方法

序　号	仪器名称	规　格	使用方法（要点）	备　注

3. 比色皿成组性测试

将波长选择至实际使用的波长_____上，将一套比色皿都注入蒸馏水，将其中一只的透射比调至 100％ 处，测量其他各只的透射比，凡透射比之差不大于 0.5％，即可配套使用。检查记录见表 1-21。

表 1-21　检查记录

比　色　皿	1	2	3	4	备　注
测量值（T）/％					
结论					

检查人：　　　　　时间：

四、检测方法验证

1. 利用仪器，进行吸收曲线的绘制。

（1）填写实验记录表。

表 1-22　实验记录表

波长 λ/nm	400	405	410	415	420	425	430	435	440	445	450
吸光度（A）											

（2）绘制吸收曲线，寻找最大吸收波长。

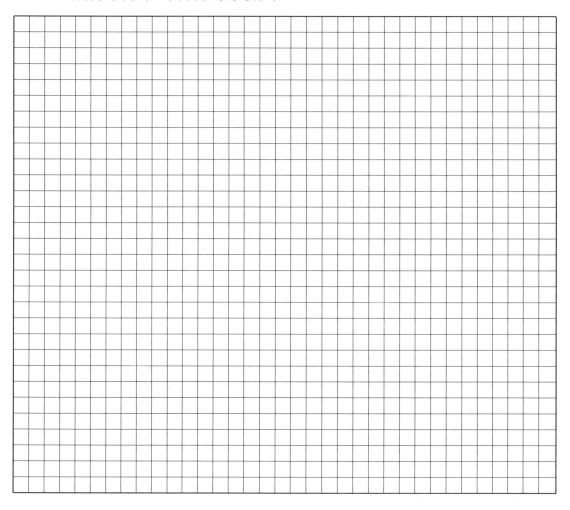

2. 进行氨氮质控样检测，检测记录（表1-23）。

表 1-23　检测记录

管 号样 别		标准系列							质 控 样	
		1	2	3	4	5	6	7	8	9
10ug/mL 铵标准溶液/mL										
酒石酸钾钠溶液/mL										
纳氏试剂溶液/mL										
水中氨氮量/(μg/mL)										
吸光度（A）	A_1									
	A_2									
吸光度平均值										
校正吸光度										

检验人　　　　　　　　复核人

3. 以氨氮的含量为横坐标，以测得的对应的吸光度扣除空白的试验的吸光度坐标绘制工作曲线。

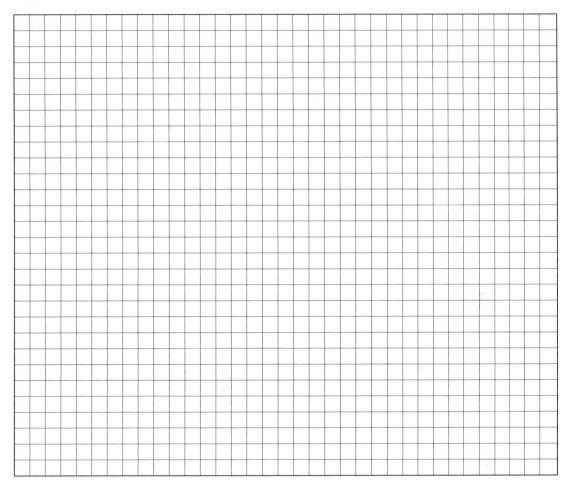

4. 从工作曲线上查出测得质控样的氨氮含量与质控样真实值比较，计算出误差及相对误差。

质控样值＿＿＿＿＿＿＿＿＿＿＿＿　　　测定值＿＿＿＿＿＿＿＿＿＿＿＿

误差＝

相对误差＝

要求相对误差≤

五、样品预处理

水样带色或浑浊以及含其他一些干扰物质，影响氨氮的测定。为此，在分析时需作适当的预处理。对较清洁的水，可采用絮凝沉淀法；对污染严重的水或工业污水，则用蒸馏法消除干扰。

1. 水样预处理方法 _____

_____

2. 絮凝沉淀法

（1）实验原理　加适量的硫酸锌于水样中，并加氢氧化钠使呈_____，生成_____沉淀，再经过滤除去颜色和浑浊等。

（2）实验步骤　取_____水样，加_____溶液，加_____溶液，调节 pH 至_____左右，混匀静置沉淀 过滤，弃去初滤液_____。

六、实施分析检测

试验步骤

1. 水样预处理絮凝沉淀法

取 100mL 水样，加入 1mL 10％硫酸锌溶液、25％的 NaOH 溶液，调节 pH 值至 10.5 左右，混匀，静置沉淀，过滤（弃去初滤液 20mL）。

2. 校准曲线的绘制

（1）配置铵标准使用液　移取 5.00mL 铵标准贮备液于 500mL 容量瓶，定容。此溶液浓度为 0.010mg/mL。

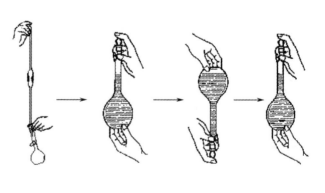

（2）标准色列配置　移取 0.00mL、0.50mL、1.00mL、3.00mL、5.00mL、7.00mL 和 10.0mL 铵标准使用液于 50mL 比色管中，加水至标线；加入 1.0mL 酒石酸钾钠溶液，混匀。加入 1.5mL 纳氏试剂，混匀；放置显色 10min 后，在波长 420nm 处，用光程 10mm 比色皿，以无氨水为参比，测量吸光度。

（3）绘制标准曲线　由测得的吸光度，减去零浓度空白管的吸光度后，得到校正吸光

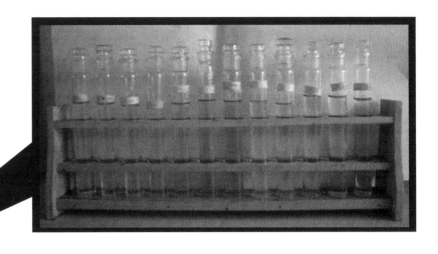

度，绘制以氨氮（mg）对校正吸光度的校准曲线。

3. 水样的测定

取适量经预处理后的水样（使氨氮含量不超过 0.1mg），加入 50mL 比色管中，稀释至标线，加入 1.0mL 酒石酸钾钠溶液，混匀；加入 1.5mL 纳氏试剂，混匀；放置 10min 后，在波长 420nm 处，用光程 10mm 比色皿，以蒸馏水为参比，测量吸光度。

4. 计算由水样测得的吸光度减去空白试验的吸光度后，从校准曲线上查得氨氮含量（mg）。

七、填写原始记录表

1. 填写标准工作曲线溶液制备原始记录表（表 1-24）。

表 1-24　原始记录表

序　号	1	2	3	4	5	6	7
氨氮标准体积/mL							
酒石酸钾钠溶液/mL							
纳氏试剂体积/mL							
水中氨氮量/(μg/mL)							
吸光度(A_1)							
吸光度(A_2)							
平均吸光度值(A)							
校正吸光度值							

检测人：　　　　　　　复核：　　　　　　　审核：

2. 填写水样检测原始记录（表1-25）。

表1-25 分光光度法测定氨氮原始记录

样品类型：	检测方法及依据：纳氏试剂比色法 HJ/T 535—2009		曲线绘制日期：		
收样日期： 年 月 日			工作曲线：$R^2=$ $a=$ $b=$		
检测日期： 年 月 日	仪器名称及编号：		计算公式：$C=(A-A_0-a)/(bV)$		
室温 ℃ 相对湿度 %	试剂空白 $A_0=$		波长：420nm 比色皿厚度：20mm		
样品编号	取样体积(V)/mL	吸光度(A)	浓度/(mg/L)	备 注	

检测人： 复核： 审核：

3. 绘制标准曲线，从绘制的工作曲线查出水样样品中校正吸光度对应的 m 值，计算出水样样品的总磷含量、极差和相对极差。

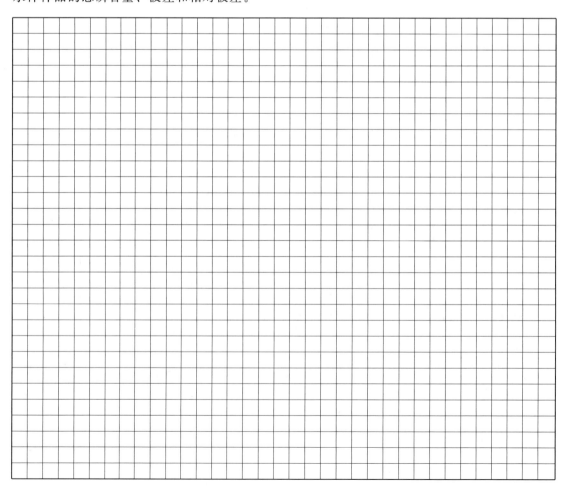

要求有计算过程。

4. 计算由水样测得的吸光度减去空白试验的吸光度后，从校准曲线上查得氨氮含量（mg）。

$$氨氮含量 = \frac{m_x}{V} \times 1000$$

式中　m_x——由校准曲线查得的氨氮量，mg；

　　　V——水样体积，mL。

注意事项如下。

（1）纳氏试剂中碘化汞与碘化钾的比例，对显色反应的灵敏度有较大影响。静置后生成的沉淀应除去。

（2）滤纸中常含痕量铵盐，使用时注意用无氨水洗涤。所用玻璃器皿应避免实验室空气中氨的沾污。

八、教师考核记录表 （表1-26）

表1-26　教师考核记录表

地表水中氨氮含量检测工作流程评价表						
第一阶段　配制溶液　（20分）						
序号	考核内容	考核标准	正确	错误	分值	得分
1	称量操作	1.检查电子天平水平			10分	
2		2.会校正电子天平				
3		3.带好称量手套				
4		4.称量纸放入电子天平操作正确				
5		5.会去皮操作				
6		6.称量操作规范				
7		7.多余试样不放回试样瓶中				
8		8.称量操作有条理性				
9		9.称量过程中及时记录实验数据				
10		10.称完后及时将样品放回原处				
11		11.将多余试样统一放好				
12		12.及时填写称量记录本				
13	溶液配制	1.溶解操作规范			10分	
14		2.硫酸锌溶液配制符合要求				
15		3.装瓶规范，标签规范				
16		4.移液管使用规范				
17		5.容量瓶选择、使用规范				
18		6.酸溶液转移规范				

续表

序号	考核内容	考核标准	正确	错误	分值	得分
		第二阶段(5分)				
19	准备仪器	1.分光光度仪规格选择正确			5分	
20		2.比色皿选择				
21		3.使用 pH 计				
22		4.仪器摆放符合实验室要求				
		第三阶段(35分)				
23	分光光度计使用	1.比色皿洗涤			35分	
24		2.比色皿加液				
25		3.用滤纸吸水				
26		4.用镜头纸擦				
27		5.比色皿放错位置				
28		6.换液操作				
29		7.重复读数操作				
30		8.检测现场符合"5S"要求				
		第四阶段 实验数据记录(20分)				
31	数据记录	1.数据记录真实准确完整			20分	
32		2.数据修正符合要求				
33		3.数据记录表整洁				
		地表水中氨氮含量检测			80分	

	综合评价项目	详细说明	分值	得分
1	基本操作规范性	动作规范准确得3分	3分	
		动作比较规范,有个别失误得2分		
		动作较生硬,有较多失误得1分		
2	熟练程度	操作非常熟练得5分	5分	
		操作较熟练得3分		
		操作生疏得1分		
3	分析检测用时	按要求时间内完成得3分	3分	
		未按要求时间内完成得2分		
4	实验室 5S	实验台符合5S得2分	2分	
		实验台不符合5S得1分		
5	礼貌	对待考官礼貌得2分	2分	
		欠缺礼貌得1分		
6	工作过程安全性	非常注意安全得5分	5分	
		有事故隐患得1分		
		发生事故得0分		
	综合评价项目分值小计		20分	
	总成绩分值合计		100分	

九、环节评价（表1-27）

表1-27　环节评价

评分项目			配分	评分细则	自评得分	小组评价	教师评价
素养（40分）	纪律情况（15分）	不迟到、早退	5分	违反一次不得分			
		积极思考回答问题	5分	不积极思考回答问题扣1~5分			
		学习用品准备齐全	5分	违反规定每项扣2分			
		执行教师命令	0分	不听从教师管理酌情扣10~100分			
	职业道德（10分）	能与他人合作	3分	不能按要求与他人合作扣3分			
		追求完美	4分	工作不认真扣2分 工作效率差扣2分			
	5S（10分）	场地、设备整洁干净	5分	仪器设备摆放不规范扣3分 实验台面乱扣2分			
		操作工作中试剂摆放	2分	共用试剂未放回原处扣1分 实验室环境乱扣1分			
		服装整洁，不佩戴饰物	3分	佩戴饰物扣3分			
	综合能力（5分）	阅读理解能力	5分	未能在规定时间内描述任务名称及要求扣5分 超时或表达不完整扣3分			
核心技术（40分）	阅读任务（20分）	快速、准确信息提取	6分	不能提取信息酌情扣1~3分 小组讨论不发言扣1分 抄别提取信息扣3分			
		时间要求	4分	15分钟内完成得4分 每超过3分钟扣1分			
		质量要求	10分	作业项目完整正确得10分 错项漏项一项扣1分			
		安全要求	0分	违反一项基本检查不得分			
	填写任务分析报告情况（20分）	资料使用	5分	未使用参考资料扣5分			
		项目完整	10分	缺一项扣1分			
		用专业词填写	5分	整体用生活语填写扣2分 错一项0.5分			
工作页完成情况（20分）	按时完成工作页（20分）	按时提交	5分	未按时提交扣5分			
		内容完成程度	5分	缺项酌情扣1~5分			
		回答准确率	5分	视情况酌情扣1~5分			
		字迹书面整洁	5分	视情况酌情扣1~5分			
得　分							
综合得分（自评20%，小组评价30%，教师评价50%）							
总　分							

水中营养盐指标检测工作页

续表

本人签字：	组长签字：	教师评价签字：

请你根据以上打分情况,对本活动当中的工作和学习状态进行总体评述(从素养的自我提升方面、职业能力的提升方面进行评述,分析自己的不足之处,描述对不足之处的改进措施)。

教师指导意见：

学习活动四　验收交付

建议学时：8学时

学习要求：能够对检测原始数据进行数据处理并规范完整的填写报告书，并对超差数据原因进行分析，具体要求见表1-28。

表1-28　具体要求

序号	工作步骤	要　　求	学时	备　　注
1	编制质量分析报告	1. 绘制标准曲线，计算检测结果 2. 依据质控结果，判断测定结果可靠性 3. 分析测定中存在问题和操作要点	4学时	
2	编制地表水中总磷含量检测报告	依据检测结果，编制检测报告单，要求用仿宋体填写，规范，字迹清晰，整洁	3学时	
3	环节评价		1学时	

一、编制质量分析报告

数据分析

（1）标准（表1-29）

表 1-29　标准

标准系列								
		1	2	3	4	5	6	7
氨氮含量/mg								
吸光度(A)	A_1							
	A_2							
吸光度平均值								
校正吸光度								

（2）样品

样品编号	取样体积/mL	样品吸光度(A)	试剂空白吸光度值(A_0)	$A-A_0$	测得量/g	样品浓度/(mg/L)	分析者

（3）绘制标准曲线

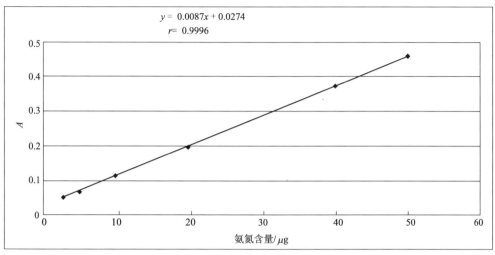

$y = 0.0087x + 0.0274$
$r = 0.9996$

氨氮标准曲线

（4）计算公式

① 计算由水样测得的吸光度减去空白试验的吸光度后，从校准曲线上查得氨氮含量（mg）。

$$氨氮含量 = \frac{m_x}{V} \times 1000$$

式中　m_x——由校准曲线查得的氨氮量/mg；

　　　V——水样体积/mL。

极差＝

相对极差＝

结果判断：

② 氨氮检测数据判断（表1-30）

表1-30　氨氮检测数据判断

一、查阅标准，根据标准要求判断测定结果的准确性
1. 标准中规定：当测定结果自平行≤3.0%，满足准确性要求 　　　　　　　当测定结果自平行＞5.0%，不满足准确性要求 2. 实验过程中测定出的相对极差为：样品1 _____ 样品2 _____ 3. 判断：测定结果分析　符合准确性要求：是□ 否□ 思考1：若不能满足自平行要求时，请对其原因进行分析。 （提示：个人不能判断时，可进行小组讨论）

续表

思考2:相对极差满足自平行要求后,但与质控样比较,相对误差不满足,是否能够出具报告?
(提示:个人不能判断时,可进行小组讨论)

4. 结论:

由于样品1测定结果分析_____(是或不是)符合自平行要求,说明_____;

由于样品2测定结果分析_____(是或不是)符合自平行要求,说明_____;

二、依据质控结果,判断测定结果可靠性

1. 测定结果可靠性对比表

内　　容	氨氮测定值
质控样测定值	
质控样真实值	
质控样测定结果的绝对极差	

2. 判断:质控样品测定结果分析　符合可靠性要求:是□ 否□

3. 结论:

由于质控样品测定结果_____(是或不是)符合可靠性要求,说明_____

三、分析测定中存在问题和操作要点

二、编制地表水中氨氮含量检测报告

编制报告要求

（1）无遗漏项，无涂改，字体填写规范，报告整洁。

（2）检测数据分析结果仅对送检样品负责。

北京市工业技师学院
分析测试中心

检　测　报　告　书

检品名称＿＿＿＿＿＿＿＿＿＿＿＿＿＿＿＿＿＿＿＿＿＿＿

被检单位＿＿＿＿＿＿＿＿＿＿＿＿＿＿＿＿＿＿＿＿＿＿＿＿＿

报告日期　　　年　　月　　日

检测报告书首页

北京市工业技师学院分析测试中心
字 （20 年）第 号

检品名称＿＿＿＿＿＿＿＿＿＿＿＿＿＿＿＿＿＿＿＿＿＿＿＿＿＿ 检测类别 委托（送样）

被检单位＿＿＿＿＿＿＿＿＿＿＿＿＿＿＿＿＿ 检品编号＿＿＿＿＿＿＿＿＿＿＿＿＿＿

生产厂家＿＿＿＿＿＿＿＿＿＿＿＿＿＿＿＿＿ 检测目的＿＿＿＿＿＿＿ 生产日期＿＿＿＿＿＿

检品数量＿＿＿＿＿＿＿＿＿＿＿＿＿＿＿＿＿ 包装情况＿＿＿＿＿＿＿ 采样日期＿＿＿＿＿＿

采样地点＿＿＿＿＿＿＿＿＿＿＿＿＿＿＿＿＿ 检品性状＿＿＿＿＿＿＿ 送检日期＿＿＿＿＿＿

检测项目＿＿＿＿＿＿＿＿＿＿＿＿＿＿＿＿＿＿＿＿＿＿＿＿＿＿＿＿＿＿＿＿＿＿

检测及评价依据：

本栏目以下无内容

结论及评价：

本栏目以下无内容

检测环境条件： 温度： 相对湿度： 气压：

主要检测仪器设备：

名称 编号 型号

名称 编号 型号

报告编制： 校对： 签发： 盖章

年 月 日

报告书包括封面、首页、正文（附页）、封底，并盖有计量认证章、检测章和骑缝章。

检测报告书

项目名称	限值	测定值	判定

报告书包括封面、首页、正文（附页）、封底，并盖有计量认证章、检测章和骑缝章。

三、环节评价（表 1-31）

表 1-31　环节评价

		评分项目	配分	评分细则	自评得分	小组评价	教师评价
素养 (40 分)	纪律 情况 (15 分)	不迟到,不早退	5 分	违反一次不得分			
		积极思考回答问题	5 分	根据上课统计情况得 1~5 分			
		三有一无(有本、笔、书,无手机)	5 分	违反规定每项扣 2 分			
		执行教师命令	0 分	此为否定项,违规酌情扣 10~100 分,违反校规按校规处理			
	职业 道德 (8 分)	与他人合作	3 分	不符合要求不得分			
		发现问题	5 分	按照发现问题得 1~5 分			
	5S (7 分)	场地、设备整洁干净	4 分	合格得 4 分 不合格不得分			
		服装整洁,不佩戴饰物	3 分	合格得 3 分 违反一项扣 1 分			
	职业 能力 (10 分)	质量意识	5 分	按检验细心程度得 1~5 分			
		沟通能力	5 分	发现问题良好沟通得 1~5 分			
核心 技术 (40 分)	编制 质量 分析 报告 (20 分)	完整正确	5 分	全部正确得 5 分 错一项扣 1 分			
		时间要求	5 分	15 分钟内完成得 5 分 每超过 3 分钟扣 1 分			
		数据分析	5 分	正确完整得 5 分 错项漏项一项扣 1 分			
		结果判断	5 分	判断正确得 5 分			
	编制 检测 报告 (20 分)	要素完整	15 分	按照要求得 1~15 分,错项漏项一项扣 1 分			
		时间要求	5 分	15 分钟内完成得 5 分 每超过 3 分钟扣 1 分			
工作页 完成 情况 (20 分)	按时 完成 工作页 (20 分)	按时提交	5 分	按时提交得 5 分,迟交不得分			
		完成程度	5 分	按情况分别得 1~5 分			
		回答准确率	5 分	视情况分别得 1~5 分			
		书面整洁	5 分	视情况分别得 1~5 分			
总分							
综合得分(自评 20%,小组评价 30%,教师评价 50%)							
教师评价签字:				组长签字:			

请你根据以上打分情况,对本活动当中的工作和学习状态进行总体评述(从素养的自我提升方面、职业能力的提升方面进行评述,分析自己的不足之处,描述对不足之处的改进措施)

教师指导意见:

![学习活动五 总结拓展]

学习活动五　总结拓展

建议学时：10 学时

学习要求：通过本活动总结本项目的作业规范和核心技术，并通过同类项目练习进行强化。（表 1-32）

表 1-32　步骤及要求

序号	工作步骤	要　求	学　时	备　注
1	撰写地表水氨氮检测技术总结报告	能在 180 分钟内完成总结报告撰写，用专业术语语言	4 学时	
2	编制水质氨氮检测（水杨酸-次氯酸盐分光光度法）检测方案	在 180 分钟内按照要求完成新检测方法方案	4 学时	
3	环节评价		2 学时	

一、撰写地表水氨氮检测技术总结报告（表1-33）

要求：（1）专业术语语言，无错别字。

（2）编写内容主要包括：学习内容、体会、学习中的优缺点及改进措施。

（3）字数800字以上。

表1-33　总结报告

＿＿＿＿＿＿项目总结
一、任务说明
二、实验原理
三、试剂与器具
四、实验步骤
五、数据记录与处理
六、遇到的问题及解决措施
七、个人体会
八、通过水质氨氮检测的学习,请您总结出本项目影响数据准确度的关键因素有哪些? (1)＿＿＿＿＿＿＿＿＿＿＿＿＿＿＿＿＿＿＿＿＿＿＿＿＿ (2)＿＿＿＿＿＿＿＿＿＿＿＿＿＿＿＿＿＿＿＿＿＿＿＿＿ (3)＿＿＿＿＿＿＿＿＿＿＿＿＿＿＿＿＿＿＿＿＿＿＿＿＿ (4)＿＿＿＿＿＿＿＿＿＿＿＿＿＿＿＿＿＿＿＿＿＿＿＿＿ (5)＿＿＿＿＿＿＿＿＿＿＿＿＿＿＿＿＿＿＿＿＿＿＿＿＿ (6)＿＿＿＿＿＿＿＿＿＿＿＿＿＿＿＿＿＿＿＿＿＿＿＿＿

二、编制水质氨氮测定（水杨酸-次氯酸盐分光光度法）方案

（1）方法原理：在亚硝基铁氰化钠存在下，铵与水杨酸盐和次氯酸离子反应生成蓝色化合物，其色度和氨氮含量成正比，在波长697nm具最大吸收。

（2）干扰及消除：氯铵在此条件下均被定量地测定。钙、镁等阳离子的干扰，可加酒石酸钾钠掩蔽。

（3）方法的适用范围：本法最低检出浓度为0.01mg/L，测定上限为1mg/L，适用于饮用水、生活污水和大部分工业废水中的氨氮的测定。

（4）试剂：所有试剂配制均用无氨水。

① 铵标准贮备液：称取3.819g经100℃干燥过的优级纯氯化铵（NH_4Cl）溶于水中，移入1000mL容量瓶中，稀释至标线，此溶液每毫升含1.00mg氨氮。

② 铵标准中间液：吸取10.00mL铵标准贮备液移入100mL容量瓶中稀释至标线，此溶液每毫升含0.10mg氨氮。

③ 铵标准使用液：吸取10.00mL铵标准中间液移入1000mL容量瓶中稀释至标线，此溶液每毫升含1.00μg氨氮。临用时配制。

④ 显色液：称取50g水杨酸[$C_6H_4(OH)COOH$]，加入100mL水，再加入160mL 2mol/L氢氧化钠溶液，搅拌至完全溶解。另称取50g酒石酸钾钠溶于水中，与上述溶液合并稀释至1000mL，存放棕色玻璃瓶中，加橡胶塞，本试剂至少稳定一个月。

注：若水杨酸未能全部溶解，可再加入数毫升氢氧化钠溶液，直至完全溶解为止，最后溶液的pH值为6.0～6.5。

⑤ 次氯酸钠溶液：取市售或自行制备的次氯酸钠溶液，经标定后，用氢氧化钠溶液稀释成含有效氯浓度为0.35%、游离碱浓度为0.75mol/L（以NaOH计）的次氯酸钠溶液。存放于棕色滴瓶内，本试剂可稳定一周。

⑥ 亚硝基铁氰化钠溶液：称取0.1g亚硝基铁氰化钠 $Na_2Fe(CN)_5 \cdot NO \cdot 2H_2O$ 置于10mL具塞比色管中，溶于水，稀释至标线，此溶液临用前现配。

（5）步骤

① 标准曲线的绘制：吸取0、1.00mL、2.00mL、4.00mL、6.00mL、8.00mL铵标准使用液于10mL比色管中，用水稀释至约8mL，加入1.00mL显色液和2滴亚硝基铁氰化钠溶液混匀，再滴加2滴次氯酸钠溶液，稀释至标线充分混匀，放置1h后，在波长697nm处用光程为10mm的比色皿，以水为参比，测量吸光度。

② 水样的测量：分取适量经预处理的水样（使氨氮含量不超过8μg）至10mL比色管中，加水稀释至约8mL，与标准曲线相同操作，进行显色和测量吸光值。

③ 空白实验

以无氨水代替水样，按样品测定相同步骤进行显色和测量。

（6）计算

由水样测得的吸光度减去空白试验的吸光度后，从标准曲线上查得氨氮含量。

$$氨氮含量 = m/V$$

式中　　m——由标准曲线查得的氨氮量/μg；

　　　　V——水样的体积/mL。

（7）注意事项：水样采用蒸馏预处理时，应以硫酸溶液为吸收液，显色前加氢氧化钠溶液使其中和。

方案见表1-34。

表1-34　方案

方案名称：_____

一、任务目标及依据
(填写说明：概括说明本次任务要达到的目标及相关文件和技术资料)

二、工作内容安排
(填写说明：列出工作流程、工作标准、工量具材料、人员及时间安排等)

工作流程	仪器	试剂	人员安排	时间安排

三、验收标准
(填写说明：本项目最终的验收相关项目的标准)

四、有关安全注意事项及防护措施等
(填写说明：对测定的安全注意事项及防护措施，废弃物处理等进行具体说明)

水中营养盐指标检测工作页

三、环节评价（表1-35）

表1-35 环节评价

评分项目			配分	评分细则	自评得分	小组评价	教师评价
素养 （40分）	纪律 情况 （15分）	不迟到，不早退	5分	违反一次不得分			
		积极思考回答问题	5分	根据上课统计情况得1～5分			
		有书、本、笔，无手机	5分	违反规定每项扣2分			
		执行教师命令	0分	此为否定项，违规酌情扣10～100分，违反校规按校规处理			
	职业 道德 （8分）	与他人合作	3分	不符合要求不得分			
		认真钻研	5分	按认真程度得1～5分			
	5S （7分）	场地、设备整洁干净	4分	合格得4分 不合格不得分			
		服装整洁，不佩戴饰物	3分	合格得3分 违反一项扣1分			
	职业 能力 （10分）	总结能力	5分	视总结清晰流畅，问题清晰措施到位情况得1～5分			
		沟通能力	5分	总结汇报良好沟通得1～5分			
核心 技术 （40分）	保养 总结 （15分）	语言表达	3分	视流畅通顺情况得1～3分			
		问题提炼	5分	视准确具体情况得5分			
		措施到位	5分	视改进措施的有效程度得1～5分			
		时间要求	2分	在60分钟内完成总结得2分 超过5分钟扣1分			
	使用 建议 （5分）	建议价值	5分	按照建议的价值得1～5分			
	捷达 30000 公里 保养 方案 （20分）	资料使用	2分	正确查阅维修手册得2分 错误不得分			
		保养项目完整	5分	完整得5分 错项漏项一项扣1分			
		流程	5分	流程正确得5分 错一项扣1分			
		标准	3分	标准查阅正确完整得3分 错项漏项一项扣1分			
		工具、材料	3分	完整正确得3分 错项漏项一项扣1分			
		安全注意事项及防护	2分	完整正确，措施有效得2分 错项漏项一项扣1分			
工作页 完成 情况 （20分）	按时 完成 工作页 （20分）	按时提交	5分	按时提交得5分，迟交不得分			
		完成程度	5分	按情况分别得1～5分			
		回答准确	5分	视情况分别得1～5分			
		书面整洁	5分	视情况分别得1～5分			
总分							

续表

综合得分(自评 20%,小组评价 30%,教师评价 50%)	
教师评价签字：	组长签字：
请你根据以上打分情况,对本活动当中的工作和学习状态进行总体评述(从素养的自我提升方面、职业能力的提升方面进行评述,分析自己的不足之处,描述对不足之处的改进措施)。	
教师指导意见：	

项目总体评价

建议学时：1 学时

通过项目总评考查学生在本项目学习中对知识和技能掌握的情况。项目总体评价见表 1-36。

表 1-36 项目总体评价

项次	项 目 内 容	权重	综合得分（各活动加权平均分×权重）	备　　注
1	接受分析任务	10%		
2	制定方案	10%		
3	检测前准备	30%		
4	实施检测	30%		
5	出具报告	10%		
6	总结拓展	10%		
7	合计			
8	本项目合格与否			教师签字：

　　请你根据以上打分情况，对本项目当中的工作和学习状态进行总体评述（从素养的自我提升方面、职业能力的提升方面进行评述，分析自己的不足之处，描述对不足之处的改进措施）。

教师指导意见：

学习任务二

生活污水中硝酸盐氮含量测定

任务书

一、任务情景描述

    硝酸盐是在有氧环境中最稳定的含氮化合物，也是含氮有机化合物经无机化作用最终阶段的分解产物。清洁的地面水硝酸盐氮含量较低，受污染的水体和一些深层地下水中硝酸盐氮含量较高。硝酸盐本身毒性很低，但是它进入人体之后可以被还原为亚硝酸盐，毒性加大，是硝酸盐毒性的 11 倍。制革、酸洗废水和某些生化处理设施的出水及农田排水中常含有大量硝酸盐。

    人体摄入硝酸盐后，经肠道中微生物作用转变成亚硝酸盐而呈现毒性作用。 饮用含硝酸盐的水会给人类健康造成危害,世界卫生组织和欧共体规定饮用水中硝酸盐氮不超过 11.3mg/L,美国国家环保局规定的最大质量硝酸盐污染的质量浓度为 10.0mg/L。 文献报道，水中硝酸盐氮含量达数十 mg/L 时，可致婴儿中毒。 饮用水中硝酸盐的去除已引起关注。

    现在某委托检测机构要对位于 XX 地区的地表水依据 GB 7480—87《水质硝酸盐氮的测定酚二磺酸分光光度法》进行抽检，检测硝酸盐氮含量是否符合国家标准。 检测技术人员由环保系在校二年级学生负责。

    承担该项任务的检测员，根据教师(或实验室辅导教师)派发任务的要求，依据 HJ/T 346—2007标准 [或行业标准、或《水和废水监测分析方法》(第四版)]要求制定实验室检测计划，准备仪器试剂，实施检测；并与指导教师(或实验室辅导教师)沟通，复核检测结果，提交原始记录，出具检测报告；按照实验室管理规范清洁整理，保养设备并填写记录。

    检测过程中，实验员在硝酸盐氮检测过程中按 GB 7480—87 相关规定执行，过程记录完整，质控监测合格。

二、学习活动及课时分配（表2-1）

表 2-1　学习活动及课时分配

活动序号	学 习 活 动	学 时 安 排	备　　注
1	接受任务	4 学时	
2	制定方案	8 学时	
3	实施检测	32 学时	
4	验收交付	8 学时	
5	总结拓展	8 学时	
合计		60 学时	

学习活动一　接受任务

建议学时: 4学时

学习要求: 通过本活动明确本项目的任务和要求，学习测定水中硝酸盐氮的方法并编写出检测任务分析报告，具体要求及学时安排见表2-2。

表 2-2　具体要求及学时安排

序号	工作步骤	要求	建议学时	备注
1	识读任务单	能快速准确明确任务要求并清晰表达，在教师要求的时间内完成，能够读懂委托书各项内容	0.5学时	
2	明确检测方法	能够选择任务需要完成的方法，并进行时间和工作场所安排，掌握相关理论知识	1学时	
3	编写任务分析报告	能够清晰地描写任务认知与理解等，思路清晰，语言描述流畅	2学时	
4	评价		0.5学时	

一、识读任务单（表 2-3）

表 2-3 QRD-1101 样品检测委托单

委托单位基本情况				
单位名称	北京市城市排水监测总站责任有限公司			
单位地址	北京市朝阳区来广营甲 3 号			
联系人	×××	固定电话	×××	手机	×××

样品情况				
委托样品	□水样√	□泥样	□气体样品	
参照标准	HJ/T 346—2007《水质 硝酸盐氮的测定紫外分光光度法(试行)》			
样品数量	12 个	采样容器	塑料桶装瓶	样品量	各 2L
样品状态	□浊 □黑色	□较浊√ □灰色	□较清洁 □其他颜色	□清洁

检测项目

常规检测项目

□液温 　□pH 　□悬浮物 　□化学需氧量 　□硝酸盐氮 　□氨氮
□动植物油 　□矿物油 　□色度 　□生物需氧量 　□溶解性固体 　□氯化物
□浊度 　□总氮 　□溶解氧 　□总铬 　□六价铬 　□余氯
□总大肠杆菌 　□粪大肠杆菌 　□细菌总数 　□表面活性剂

金属离子检测项目

□总铜 　□总锌 　□总铅 　□总镉 　□总铁 　□总汞
□总砷 　□总锰 　□总镍

其他检测项目

□钙 　□镁 　□总钠 　□钾 　□硒 　□锑
□硼 　□酸度 　□碱度 　□硬度 　□甲醛 　□苯胺
□硫酸盐 　□挥发酚 　□氰化物 　□总固体 　□氟化物 　□硝基苯
□硫化物 　□硝酸盐氮√ 　□亚硝酸盐氮 　□高锰酸盐指数

□污泥含水率 　□灰分 　□挥发分 　□污泥浓度

备注	
样品存放条件	√室温\避光\冷藏(4℃)
样品处置	□退回 　□处置(自由处置)

样品存放时间	硝酸盐氮的测定应在水样采集后立即进行,如不能立即测定,应加硫酸固定(pH<2),保存在 4℃下 24h 之内进行测定。

出报告时间	□正常(十五天之内) 　□加急(七天之内)√

1. 从阅读任务单，你能得到下列信息

(1) 委托检测单位＿＿＿＿＿＿＿＿＿＿＿＿＿＿＿

(2) 委托人＿＿＿＿＿＿＿

(3) 委托样品＿＿＿＿＿；数量＿＿＿＿＿；包装＿＿＿＿＿；单个样品量＿＿＿＿＿

(4) 还有哪些总结的信息＿＿＿＿＿＿＿＿＿＿＿＿＿＿＿＿

(5) 样品的采集和保存

硝酸盐氮的测定应在＿＿＿＿＿＿＿立即进行，如不能立即测定，应加＿＿＿＿＿固定（pH＜2），保存在＿＿＿＿＿下＿＿＿＿＿之内进行测定。

2. 用一句话说明工作任务＿＿＿＿＿＿＿＿＿＿＿＿＿＿＿＿＿＿＿＿＿＿＿＿

＿＿＿＿＿＿＿＿＿＿＿＿＿＿＿＿＿＿＿＿＿＿＿＿＿＿＿＿＿＿＿＿＿＿＿＿

3. 查阅资料，确定本检测参照标准是（　　　　）

A．GB 7480—87；　　　　　　　　B．GB 11893—1989；

C．GB/T 11894—1989；　　　　　　D．GB 11892—1989

二、明确检测方法

1. 查阅标准，解读任务内涵，回答下列问题（表2-4）：

表2-4　检测方法

检测任务	检测方法	适用范围及方法说明
水中硝酸盐氮		

2. GB 7480—87《水质　硝酸盐氮的测定　酚二磺酸分光光度法》方法最低检出浓度为＿＿＿＿＿＿＿，测定下限为＿＿＿＿＿＿＿，测定上限为＿＿＿＿＿＿＿。

3. 水中硝酸盐是在有＿＿＿＿＿＿环境下，各种形态的含氮化合物中最＿＿＿＿＿＿化合物，亦是含氮有机物经＿＿＿＿＿＿作用＿＿＿＿＿＿的分解产物。人摄入硝酸盐后对人体有害，国家《生活饮用水卫生标准》中硝酸盐（以氮计）的含量限制在＿＿＿＿＿＿以下。

4. ＿＿＿＿＿＿废水、＿＿＿＿＿＿废水、＿＿＿＿＿的出水和＿＿＿＿＿＿可含大量的硝酸盐。

5. 我国环境监测中推荐测定水中硝酸盐氮的方法有：测量范围较宽的＿＿＿＿＿＿法、适于测定水中低含量的＿＿＿＿＿＿法、适于严重污染并带深色的方法是＿＿＿＿＿＿法，还有＿＿＿＿＿＿法、＿＿＿＿＿法和＿＿＿＿＿＿法。国家标准分析方法是＿＿＿＿＿＿法。

6. 分光光度法检测用仪器

写出检测用的仪器的名称。

①＿＿＿＿＿　　　　　　②＿＿＿＿＿　　　　　　③＿＿＿＿＿

7. 本实验测定时，选用什么材质比色皿？石英和玻璃有何区别？

_____

三、编写任务分析报告（表2-5）

表2-5 任务分析报告

任务分析报告

一、基本信息

序号	项目	名称	备注
1	委托任务的单位		
2	项目联系人		
3	委托样品		
4	检验参照标准		
5	委托样品信息		
6	检测项目		
7	样品存放条件		
8	样品处置		
9	样品存放时间		
10	出具报告时间		
11	出具报告地点		

二、方法选择

序号	可选用方法	主要仪器

选定的方法为 _____，原因如下：

四、评价(表2-6)

表 2-6　评价

评分项目			配分	评分细则	自评得分	小组评价	教师评价
素养 (40分)	纪律情况 (15分)	不迟到、早退	5分	违反一次不得分			
		积极思考回答问题	5分	不积极思考回答问题　扣1~5分			
		学习用品准备齐全	5分	违反规定每项扣2分			
		执行教师命令	0分	不听从教师管理酌情扣10~100分			
	职业道德 (10分)	能与他人合作	4分	不能按要求与他人合作扣4分			
		追求完美	6分	工作不认真扣3分 工作效率差扣3分			
	5S (10分)	场地、设备整洁干净	5分	仪器设备摆放不规范扣3分 实验台面乱扣2分			
		操作工作中试剂摆放	2分	共用试剂未放回原处扣1分 实验室环境乱扣1分			
		服装整洁,不佩戴饰物	3分	佩戴饰物扣3分			
	综合能力 (5分)	阅读理解能力	5分	未能在规定时间内描述任务名称及要求扣5分 超时或表达不完整扣3分			
核心技术 (40分)	阅读任务 (20分)	快速、准确信息提取	6分	不能提取信息酌情扣1~3分 小组讨论不发言扣1分 抄别提取信息扣3分			
		时间要求	4分	15分钟内完成得4分 每超过3分钟扣1分			
		质量要求	10分	作业项目完整正确得10分 错项漏项一项扣1分			
		安全要求	0分	违反一项基本检查不得分			
	填写任务分析报告情况 (20分)	资料使用	5分	未使用参考资料扣5分			
		项目完整	10分	缺一项扣1分			
		用专业词填写	5分	整体用生活语填写扣5分 错一项0.5分			
工作页完成情况 (20分)	按时完成工作页 (20分)	按时提交	5分	未按时提交扣5分			
		内容完成程度	5分	缺项酌情扣1~5分			
		回答准确率	5分	视情况酌情扣1~5分			
		字迹书面整洁	5分	视情况酌情扣1~5分			

得分		
综合得分(自评 20%,小组评价 30%,教师评价 50%)		
总分		

本人签字:	组长签字:	教师评价签字:

请你根据以上打分情况,对本活动当中的工作和学习状态进行总体评述(从素养的自我提升方面、职业能力的提升方面进行评述,分析自己的不足之处,描述对不足之处的改进措施)。

教师指导意见:

学习活动二　制定方案

建议学时: 8 学时

学习要求: 通过水质硝酸盐氮的测定紫外分光光度法检测流程图的绘制以及试剂、仪器清单的编写，完成地表水中硝酸盐氮检测方案的编制。具体要求及学时安排见表 2-7。

表 2-7　学时安排

序号	工作步骤	要　　求	建议学时	备　　注
1	解读标准	1. 熟悉标准方法原理 2. 明确标准方法使用范围	2 学时	
2	绘制检测流程表	在 45 分钟内完成，流程表符合项目要求	1 学时	
3	编制试剂清单	试剂清单完整，符合检测需求	0.5 学时	
4	编制仪器清单	仪器清单完整，符合检测需求	0.5 学时	
5	溶液制备清单	溶液制备清单完整，符合检测需求	0.5 学时	
6	编制检测方案	完成检测方案编写，任务描述清晰，检验标准符合厂家要求，试剂、材料与流程表及检测标准对应	3 学时	
7	评价		0.5 学时	

解读标准

1. 本项目所采用标准的方法原理是什么？

_____

_____

_____

_____

2. 本标准的适用范围是什么？

_____

_____

_____

_____

一、编写检测流程表

阅读标准，绘制水质硝酸盐氮检测工作流程表（表2-8），要求操作项目具体可执行。

表2-8 检测流程表

序　号	操 作 项 目
1	
2	
3	
4	
5	
6	
7	
8	
9	
10	

二、 编制试剂清单（表2-9）

表2-9 试剂清单

序　号	试 剂 名 称	分 子 式	试 剂 规 格	用　途
1				
2				
3				
4				
5				
6				
7				
8				
9				
10				
11				
12				
13				
14				

三、 编制仪器清单（表 2-10）

表 2-10 仪器清单

序　号	仪 器 名 称	规　　格	数　　量	用　　途
1				
2				
3				
4				
5				
6				
7				
8				

四、 填写溶液制备清单（表 2-11）

表 2-11 溶液制备清单

序　号	制备溶液名称	制 备 方 法	制 备 量
1			
2			
3			
4			
5			
6			
7			
8			

五、编制检测方案（表2-12）

表 2-12　检测方案

方案名称：＿＿＿＿＿＿＿＿＿

一、任务目标及依据

（填写说明：概括说明本次任务要达到的目标及相关文件和技术资料）

二、工作内容安排

（填写说明：列出工作流程、使用的仪器设备、试剂、人员及时间安排等）

序号	工作流程	仪器	试剂	人员安排	时间安排	工作要求

三、验收标准

（填写说明：本项目最终的验收相关项目的标准）

四、有关安全注意事项及防护措施等

（填写说明：对检测的安全注意事项及防护措施，废弃物处理等进行具体说明）

六、评价（表 2-13）

表 2-13　评价

评分项目			配分	评分细则	自评得分	小组评价	教师评价
素养（20分）	纪律情况（5分）	不迟到,不早退	2分	违反一次不得分			
		积极思考回答问题	2分	根据上课统计情况得1~2分			
		学习用具全	1分	违反规定每项扣1分			
		执行教师命令	0分	此为否定项,违规酌情扣10~100分,违反校规按校规处理。			
	职业道德（5分）	与他人合作	2分	不符合要求不得分			
		追求完美	3分	对工作精益求精且效果明显得3分 对工作认真得2分 其余不得分			
	5S(5分)	场地、设备整洁干净	3分	合格得3分 不合格不得分			
		服装整洁,不佩戴饰物	2分	合格得2分 违反一项扣1分			
	职业能力(5分)	策划能力	3分	按方案策划逻辑性得1~5分			
		资料使用	2分	正确查阅作业指导书和标准得2分 错误不得分			
核心技术（60分）	时间(5分)	时间要求	5分	90分钟内完成得5分 超时10分钟扣2分			
	目标依据（5分）	目标清晰	3分	目标明确,可测量得1~3分			
		编写依据	2分	依据资料完整得2分 缺一项扣1分			
	检测流程（15分）	项目完整	7分	完整得7分 漏一项扣1分			
		顺序	8分	全部正确得8分 错一项扣1分			
	工作要求（5分）	要求清晰准确	5分	完整正确得5分 错项漏项一项扣1分			
	仪器设备试剂（10分）	名称完整	5分	完整、型号正确得5分 错项漏项一项扣1分			
		规格正确	5分	数量型号正确得5分 错一项扣1分			

续表

评 分 项 目			配分	评 分 细 则	自评得分	小组评价	教师评价
核心技术（60分）	人员（5分）	组织分配合理	5分	人员安排合理，分工明确得5分 组织不适一项扣1分			
	验收标准（5分）	标准	5分	标准查阅正确、完整得5分错、漏一项扣1分			
	安全注意事项及防护等（10分）	安全注意事项	5分	归纳正确、完整得5分			
		防护措施	5分	按措施针对性、有效性得1～5分			
工作页完成情况（20分）	按时完成工作页（20分）	按时提交	5分	按时提交得5分，迟交不得分			
		完成程度	5分	按情况分别得1～5分			
		回答准确率	5分	视情况分别得1～5分			
		书面整洁	5分	视情况分别得1～5分			
总分							
综合得分(自评20％,小组评价30％,教师50％)							

教师评价签字：　　　　　　　　　　　组长签字：

请你根据以上打分情况,对本活动当中的工作和学习状态进行总体评述(从素养的自我提升方面、职业能力的提升方面进行评述,分析自己的不足之处,描述对不足之处的改进措施)。

教师指导意见：

学习活动三　实施检测

建议学时：32 学时

学习要求：通过水质硝酸盐氮检测前的准备，能正确配制试剂溶液，符合浓度要求；规范使用仪器设备；进行方法验证，达到实验要求，进行样品检测，记录原始数据。具体要求及学时安排见表 2-14。

表 2-14　具体要求及学时要求

序号	工作步骤	要　　求	学时	备　注
1	安全注意事项	遵守实验室管理制度，规范操作	0.5 学时	
2	配制溶液	规定时间内完成溶液配制，准确，原始数据记录规范，操作过程规范	4 学时	
3	准备仪器	能够在阅读仪器的操作规程指导下，正确的操作仪器，并对仪器状态进行准确判断	4 学时	
4	方法验证	能够根据方法验证的参数，对方法进行验证，并判断方法是否合适	4 学时	
5	样品预处理	样品保存符合要求 预处理方法选择正确	4 学时	
6	实施分析检测	严格按照标准方法和作业指导书要求实施分析检测，最后得到样品数据	12 学时	
7	填写原始数据记录表	及时、真实、完整填写 清晰、无涂改	2 学时	
8	教师考核表		1 学时	
9	评价		0.5 学时	

一、安全注意事项

请回忆一下，我们之前在实训室工作时，有哪些安全事项是需要我们特别注意的？现在我们要进入一个新的实训场地，请阅读《实验室安全管理办法》，总结该任务需要注意的安全注意事项。

二、配制溶液

1. 试剂溶液制备问题

实验室用水应该用什么样的水？该项目检测对实验分析用水有什么要求？

_____

_____

_____

2. 请完成实验用溶液的配制，并做好数据记录（表2-15）。

（1）填表

表 2-15　数据记录

序号	溶液名称	溶液浓度	配 制 量	配 制 人
1				
2				
3				
4				
5				
6				
7				
8				

（2）酚二磺酸的制备注意事项有哪些？

_____

_____

（3）硝酸盐氮标准贮备液：称取_____ g，经_____℃干燥_____ h 的优级纯硝酸钾（KNO_3）溶于水，移入_____ mL 容量瓶中，稀释至标线，加_____ mL 三氯甲烷作_____，混匀，至少可稳定_____个月。该标准贮备液每毫升含 0.100mg _____。

（4）写出氢氧化铝悬浮液的配制方法

_____

_____

_____

_____

（5）如何配制硝酸盐氮标准使用溶液？

_____

_____

_____

3. 溶液确认表（表2-16）

表2-16　硝酸盐氮检测试剂溶液确认表

序号	试剂名称	浓　度	试　剂　量	配制时间	配制人员	试剂确认

三、准备仪器

1. 填写仪器确认单（表2-17）

表2-17　仪器确认单

序号	仪器名称	型　号	数　量	是否符合要求
1				
2				
3				
4				
5				

检查人：　　　　　　　　日期：

2. 比色皿配套性检验

在紫外区须采用石英池，可见区一般用玻璃池。

石英吸收池在220nm装蒸馏水，以一个吸收池为参比，调节 τ 为100％。

测定其余吸收池的透射比，其偏差应小于0.5％，可配成一套使用。将测量方式调为A，测定并记录其余比色皿的吸光度值并作为校正值。检查记录见表2-18。

表 2-18　检查记录

比　色　皿	1	2	3	4	备　注
测量值(T)/%					
测量值(A)					
结论					

检查人：　　　　时间：

3. 空白实验检测

分光光度法的测量误差反映在空白实验结果中，用空白实验结果修正样品测量结果，可消除实验中各种原因所产生的误差，从而使样品测量结果更准确，更可靠。因此，空白实验值的大小及其分散程度最终将直接影响样品的测试结果。

空白实验的目的是获得空白校正值，只有大小及其测定均符合要求的空白实验值，才能作为同批样品分析结果的空白校正值。

本实验是以＿＿＿＿＿＿＿＿＿＿＿作为空白试液。

四、方法验证

1. 吸收光谱

（1）同一种物质对不同波长光的＿＿＿＿＿不同。＿＿＿＿＿最大处对应的波长称为＿＿＿＿＿波长（λ_{max}）。

（2）不同浓度的同一种＿＿＿＿＿，在某一定波长下吸光度 A 有差异，在 λ_{max} 处吸光度 A 的差异＿＿＿＿＿。此特性可作为物质定量分析的＿＿＿＿＿。

（3）在 λ_{max} 处吸光度随浓度变化的＿＿＿＿＿最大，所以测定最＿＿＿＿＿。吸收曲线是定量分析中选择入射光波长的＿＿＿＿＿。

2. 实验原理

硝酸盐在＿＿＿＿＿情况下与酚二磺酸反应，生成＿＿＿＿＿，在＿＿＿＿＿溶液中，生成化合物，于＿＿＿＿＿波长处进行分光光度测定。

（1）进行硝酸盐氮质控样检测，检测记录（表 2-19）

表 2-19　检测记录

试　剂 \ 管　号	标准系列								
	1	2	3	4	5	6	7	8	9
0.010mg/mL 硝酸盐氮标准溶液/mL									
氨水溶液/mL									
吸光度(A)									
$A_{校}$									

　　　　检验人　　　　　　　　　　　　　　复核人

（2）质控样数据记录（表 2-20）

表 2-20　质控样数据记录

试　　剂	质　控　样
0.010mg/mL 硝酸盐氮标准溶液/mL	
氨水溶液/mL	
吸光度(A)	
$A_{校}$	

（3）以硝酸盐氮的含量为横坐标，以测得的对应的吸光度扣除空白的试验的吸光度为纵坐标绘制工作曲线。

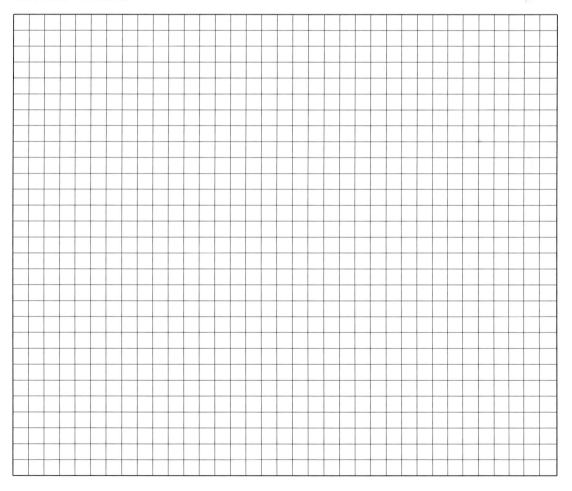

（4）从工作曲线上查出测得质控样的硝酸盐氮含量与质控样真实值比较，计算出误差及相对误差。

质控样值＿＿＿＿＿＿＿＿＿＿＿＿＿＿　测定值＿＿＿＿＿＿＿＿＿＿＿＿＿＿

误差＝

相对误差＝

要求相对误差≤

五、样品预处理

1. 带色物质

取＿＿＿＿＿＿＿试样移入＿＿＿＿＿＿＿具塞量筒中，加 2mL 氢氧化铝悬浮液，密塞充分振摇，静置数分钟澄清后，过滤，弃去最初滤液的＿＿＿＿＿＿＿。

2. 氯离子

取＿＿＿＿＿＿＿试样移入 100mL 具塞量筒中，根据已测定的氯离子含量，加入相当量的＿＿＿＿＿＿＿溶液，充分混合，在＿＿＿＿＿＿＿放置 30min，使＿＿＿＿＿＿＿沉淀凝聚，然后用＿＿＿＿＿＿＿过滤，弃去最初滤液 20mL。

如同时需去除带色物质，则可在加入＿＿＿＿＿＿＿溶液并混匀后，再加入 2mL＿＿＿＿＿＿＿，充分振摇，放置片刻待沉淀后，过滤。

3. 亚硝酸盐

当亚硝酸盐氮含量超过 0.2mg/L 时，可取 100mL 试样，加 1mL 硫酸溶液，混匀后，滴加＿＿＿＿＿＿＿，至淡红色保持 15min 不褪为止，使亚硝酸盐氧化为＿＿＿＿＿＿＿，最后从硝酸盐氮测定结果中减去亚硝酸盐氮量。

六、实施分析检测

1. 取 50.0mL 经预处理的水样于蒸发皿中，用 pH 试纸检查，必要时用硫酸溶液或氢氧化钠溶液，调节至微碱性（pH 约为 8），置水浴上蒸发至干。

2. 硝化反应

加 1.0 mg 酚二磺酸试剂，用玻璃棒研磨，使试剂与蒸发皿内残渣充分接触，放置片刻，再研磨一次，放置 10min，加入约 10mL 水。

3. 显色

在搅拌下加入 3～4mL 氨水，使溶液呈现最深的颜色。如有沉淀产生，过滤；或滴加 EDTA 二钠溶液，并搅拌至沉淀溶解。将溶液移入比色管中，用水稀释至标线，混匀。

4. 分光光度测定

于 410nm 波长，选用合适光程长的比色皿，以水为参比，测量溶液的吸光度。

七、填写原始数据记录表（表 2-21）

表 2-21　分光光度法分析原始记录表

样品名称：_____　分析项目：_____　收样日期：_____　分析日期：_____

方法依据：_____　仪器型号：_____　仪器编号：_____　最低检出限：_____

测定波长：_____　　　　比色皿百度：_____　　　　参比溶液：_____

分析编号	样品编号	取样体积 (V)/mL	样品吸光度 (A)	试剂空白吸光度值(A_0)	$A-A_0$	测得量/μg	样品浓度 /(mg/L)	备注

校准曲线检验（中等浓度标准溶液吸光值—空白值）：

　原方程吸光度：　　　　现测吸光度：　　　　相对偏差/%：

分析：　　　　　　　　复核：　　　　　　　　审核：

绘制标准曲线，从绘制的工作曲线查出水样样品中校正吸光度对应的 m 值，计算出水样样品的硝酸盐氮含量、极差和相对极差。数据处理见表 2-22。

表 2-22　数据处理

管号\试剂	样品			
	样品 1		样品 2	
	1	2	3	4
0.010mg/mL 硝酸盐氮标准溶液/mL				
氨水溶液/mL				
吸光度(A)				
$A_{校}$				

检验人　　　　　　　　复核人

要求有计算过程。

（要求相关系数 $r \geqslant 0.995$）。

八、 教师考核记录表（表2-23）

表2-23　教师考核记录表

地表水中硝酸盐氮含量检测工作流程评价表						
第一阶段　配制溶液　（20分）						
序号	考核内容	考核标准	正确	错误	分值	得分
1	称量操作	1.检查电子天平水平			10分	
2		2.会校正电子天平				
3		3.带好称量手套				
4		4.称量纸放入电子天平操作正确				
5		5.会去皮操作				
6		6.称量操作规范				
7		7.多余试样不放回试样瓶中				
8		8.称量操作有条理性				
9		9.称量过程中及时记录实验数据				
10		10.称完后及时将样品放回原处				
11		11.将多余试样统一放好				
12		12.及时填写称量记录本				
13	溶液配制	1.溶解操作规范			10分	
14		2.过硫酸钾溶液配制符合要求				
15		3.装瓶规范,标签规范				
16		4.移液管使用规范				
17		5.容量瓶选择、使用规范				
18		6.酸溶液转移规范				
第二阶段(5分)						
19	准备仪器	1.分光光度仪规格选择正确			5分	
20		2.比色皿选择				
21		3.使用高压容器消毒器				
22		4.仪器摆放符合实验室要求				

续表

		第三阶段(35分)				
序号	考核内容	考核标准	正确	错误	分值	得分
23	分光光度计使用	1.比色皿洗涤			35分	
24		2.比色皿加液				
25		3.用滤纸吸水				
26		4.用镜头纸擦				
27		5.比色皿放错位置				
28		6.换液操作				
29		7.重复读数操作				
30		8.检测现场符合"5S"要求				
		第四阶段　实验数据记录(20分)				
31	数据记录	1.数据记录真实准确完整			20分	
32		2.数据修正符合要求				
33		3.数据记录表整洁				
		地表水中硝酸盐氮含量检测			80分	

	综合评价项目	详细说明	分值	得分
1	基本操作规范性	动作规范准确得3分	3分	
		动作比较规范,有个别失误得2分		
		动作较生硬,有较多失误得1分		
2	熟练程度	操作非常熟练得5分	5分	
		操作较熟练得3分		
		操作生疏得1分		
3	分析检测用时	按要求时间内完成得3分	3分	
		未按要求时间内完成得2分		
4	实验室5S	试验台符合5S得2分	2分	
		试验台不符合5S得1分		
5	礼貌	对待考官礼貌得2分	2分	
		欠缺礼貌得1分		
6	工作过程安全性	非常注意安全得5分	5分	
		有事故隐患得1分		
		发生事故得0分		
	综合评价项目分值小计		20分	
	总成绩分值合计		100分	

九、评价（表2-24）

表 2-24　评价

评分项目			配分	评分细则	自评	小组	教师评价
素养 (40分)	纪律情况 (15分)	不迟到、早退	5分	违反一次不得分			
		积极思考回答问题	5分	不积极思考回答问题扣1～5分			
		学习用品准备齐全	5分	违反规定每项扣2分			
		执行教师命令	0分	不听从教师管理酌情扣10～100分			
	职业道德 (10分)	能与他人合作	3分	不能按要求与他人合作扣3分			
		追求完美	4分	工作不认真扣2分 工作效率差扣2分			
	5S(10分)	场地、设备整洁干净	5分	仪器设备摆放不规范扣3分 实验台面乱扣2分			
		操作工作中试剂摆放	2分	共用试剂未放回原处扣1分 实验室环境乱扣1分			
		服装整洁，不佩戴饰物	3分	佩戴饰物扣3分			
	综合能力 (5分)	阅读理解能力	5分	未能在规定时间内描述任务名称及要求扣5分 超时或表达不完整扣3分			
核心技术 (40分)	阅读任务 (20分)	快速、准确信息提取	6分	不能提取信息酌情扣1～3分 小组讨论不发言扣1分 抄别提取信息扣3分			
		时间要求	4分	15分钟内完成得4分 每超过3分钟扣1分			
		质量要求	10分	作业项目完整正确得10分 错项漏项一项扣1分			
		安全要求	0分	违反一项基本检查不得分			
	填写任务分析报告情况 (20分)	资料使用	8分	未使用参考资料扣5分			
		项目完整	8分	缺一项扣1分			
		用专业词填写	8分	整体用生活语填写扣2分 错一项0.5分			
工作页完成情况 (20分)	按时完成工作页 (20分)	按时提交	5分	未按时提交扣5分			
		内容完成程度	5分	缺项酌情扣1～5分			
		回答准确率	5分	视情况酌情扣1～5分			
		字迹书面整洁	5分	视情况酌情扣1～5分			
得　分							

综合得分(自评 20%,小组评价 30%,教师评价 50%)			
总　分			

本人签字:	组长签字:	教师评价签字:

请你根据以上打分情况,对本活动当中的工作和学习状态进行总体评述(从素养的自我提升方面、职业能力的提升方面进行评述,分析自己的不足之处,描述对不足之处的改进措施)。

教师指导意见:

学习活动四　验收交付

建议学时：8 学时

学习要求：能够对检测原始数据进行数据处理并规范完整的填写报告书，并对超差数据原因进行分析，具体要求见表 2-25。

表 2-25　具体要求

序号	工作步骤	要　　求	学时	备注
1	编制质量分析报告	1. 绘制标准曲线，计算检测结果 2. 依据质控结果，判断测定结果可靠性 3. 分析测定中存在问题和操作要点	4 学时	
2	编制地表水中硝酸盐氮含量检测报告	依据检测结果，编制检测报告单，要求用仿宋体填写，规范，字迹清晰，整洁	3.5 学时	
3	评价		0.5 学时	

一、编制质量分析报告

1. 数据分析（表 2-26、表 2-27）

① 样品

表 2-26　数据分析

样品编号	取样体积/mL	样品吸光度（A）	试剂空白吸光度值(A_0)	$A-A_0$	测得量/μg	样品浓度/(mg/L)	分析者

检验人　　　　　　　　　　　　　　　　复核人

② 标准

表 2-27　标准系列数据分析

项 目		标准系列						
		1	2	3	4	5	6	7
吸光度(A)	A_1							
	A_2							
吸光度平均值								
校正吸光度								

2. 绘制工作曲线

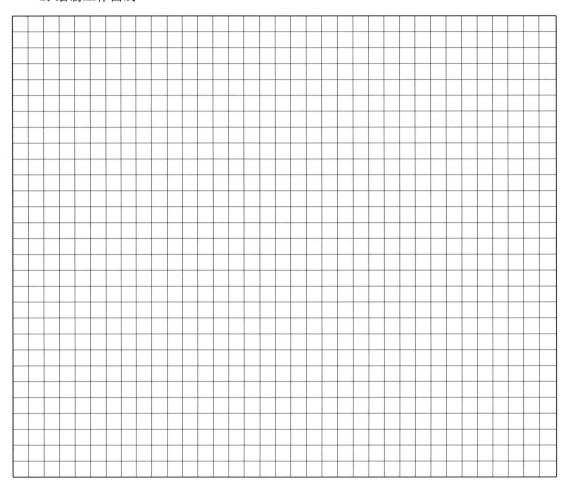

计算公式：

极差＝

相对极差＝

3. 结果判断：
硝酸盐氮检测数据判断（表2-28）

表 2-28 硝酸盐氮检测数据判断

一、查阅标准,根据标准要求判断测定结果的准确性

1. 标准中规定:当测定结果自平行≤3.0%,满足准确性要求
　　　　　　　当测定结果自平行>5.0%,不满足准确性要求
2. 实验过程中测定出的相对极差为:样品1 _____ 样品2 _____
3. 判断:测定结果分析 符合准确性要求;是□否□
思考1:若不能满足自平行要求时,请对其原因进行分析。
(提示:个人不能判断时,可进行小组讨论)

思考2:相对极差满足自平行要求后,但与质控样比较,相对误差不满足,是否能够出具报告了?
(提示:个人不能判断时,可进行小组讨论)

4. 结论:
由于样品1测定结果分析_____(是或不是)符合自平行要求,说明_____;
由于样品2测定结果分析_____(是或不是)符合自平行要求,说明_____。

二、依据质控结果,判断测定结果可靠性

1. 测定结果可靠性对比表

内　　容	硝酸盐氮测定值
质控样测定值	
质控样真实值	
质控样测定结果的绝对极差	

2. 判断:质控样品测定结果分析 符合可靠性要求;是□否□
3. 结论:
由于质控样品测定结果_____(是或不是)符合可靠性要求,说明_____。

三、分析测定中存在问题和操作要点

二、编制地表水中硝酸盐氮含量检测报告

编制报告要求:

① 无遗漏项,无涂改,字体填写规范,报告整洁。

② 检测数据分析结果仅对送检样品负责。

北京市工业技师学院
分析测试中心

检 测 报 告 书

检品名称＿＿＿＿＿＿＿＿＿＿＿＿＿＿＿＿＿＿＿＿＿＿＿＿＿＿

被检单位＿＿＿＿＿＿＿＿＿＿＿＿＿＿＿＿＿＿＿＿＿＿＿＿＿＿

报告日期　　年　　月　　日

检测报告书首页　　　　　北京市工业技师学院分析测试中心

字　（20　年）第　　号

检品名称_____　检测类别　委托（送样）

被检单位_____　检品编号_____

生产厂家_____　检测目的_____　生产日期_____

检品数量_____　包装情况_____　采样日期_____

采样地点_____　检品性状_____　送检日期_____

检测项目_____

检测及评价依据：

本栏目以下无内容

结论及评价：

本栏目以下无内容

检测环境条件：　　　　温度：　　　　相对湿度：　　　　气压：

主要检测仪器设备：

名称　　　　编号　　　　型号

名称　　　　编号　　　　型号

报告编制：　　　　校对：　　　　签发：　　　　盖章

年　月　日

报告书包括封面、首页、正文（附页）、封底，并盖有计量认证章、检测章和骑缝章。

检测报告书

项目名称	限值	测定值	判定

报告书包括封面、首页、正文（附页）、封底，并盖有计量认证章、检测章和骑缝章。

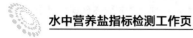

三、评价（表2-29）

表2-29　评价

评分项目			配分	评分细则	自评得分	小组评价	教师评价
素养（40分）	纪律情况（15分）	不迟到,不早退	5分	违反一次不得分			
		积极思考回答问题	5分	根据上课统计情况得1~5分			
		三有一无（有本、笔、书,无手机）	5分	违反规定每项扣2分			
		执行教师命令	0分	此为否定项,违规酌情扣10~100分,违反校规按校规处理。			
	职业道德（8分）	与他人合作	3分	不符合要求不得分			
		发现问题	5分	按照发现问题得1~5分			
	5S(7分)	场地、设备整洁干净	4分	合格得4分 不合格不得分			
		服装整洁,不佩戴饰物	3分	合格得3分 违反一项扣1分			
	职业能力（10分）	质量意识	5分	按检验细心程度得1~5分			
		沟通能力	5分	发现问题良好沟通得1~5分			
核心技术（40分）	编制质量分析报告（20分）	完整正确	5分	全部正确得5分 错一项扣1分			
		时间要求	5分	15分钟内完成得5分 每超过3分钟扣1分			
		数据分析	5分	正确完整得5分 错项漏项一项扣1分			
		结果判断	5分	判断正确得5分			
	编制检测报告（20分）	要素完整	15分	按照要求得1~15分,错项漏项一项扣1分			
		时间要求	5分	15分钟内完成得5分 每超过3分钟扣1分			
工作页完成情况（20分）	按时完成工作页（20分）	按时提交	5分	按时提交得5分,迟交不得分			
		完成程度	5分	按情况分别得1~5分			
		回答准确率	5分	视情况分别得1~5分			
		书面整洁	5分	视情况分别得1~5分			
总分							

续表

综合得分(自评 20%,小组评价 30%,教师评价 50%)	
教师评价签字:	组长签字:
请你根据以上打分情况,对本活动当中的工作和学习状态进行总体评述(从素养的自我提升方面、职业能力的提升方面进行评述,分析自己的不足之处,描述对不足之处的改进措施)。	
教师指导意见:	

学习活动五　总结拓展

建议学时：8学时

学习要求：通过本活动总结本项目的作业规范和核心技术并通过同类项目练习进行强化。 要求及学时见表 2-30。

表 2-30　要求及学时

序号	工作步骤	要　　求	学时	备　　注
1	撰写地表水中硝酸盐氮检测技术总结报告	能在 180 分钟内完成总结报告撰写，用专业术语语言	4 学时	
2	编制工业废水中总氮含量测定测定方案	在 135 分钟内按照要求完成新检测方法方案的编制	3 学时	结合课下完成
3	评价		1 学时	

一、撰写地表水中硝酸盐氮检测技术总结报告（表 2-31）

要求：

① 专业术语语言，无错别字。

② 编写内容主要包括：学习内容、体会、学习中的优缺点及改进措施。

表 2-31　技术总结报告

＿＿＿＿＿＿＿＿＿总结报告
1. 任务说明
2. 实验原理
3. 试剂与器具
4. 实验步骤
5. 数据记录与处理
6. 遇到的问题及解决措施

7. 个人体会

8. 通过水质硝酸盐氮检测的学习,请您总结出本项目影响数据准确度的关键因素有哪些?

(1) _____

(2) _____

(3) _____

(4) _____

(5) _____

(6) _____

二、编制工业废水中总氮含量测定方案

查阅标准,编制工业废水总氮含量测定方案(表2-32)。

表 2-32 测定方案

方案名称:_____

一、任务目标及依据
(填写说明:概括说明本次任务要达到的目标及相关文件和技术资料)

二、工作内容安排
(填写说明:列出工作流程、工作要求、仪器、试剂、人员及时间安排等)

序号	工作流程	仪器	试剂	人员安排	时间安排	工作要求

序号	工作流程	仪器	试剂	人员安排	时间安排	工作要求

三、验收标准
(填写说明:本项目最终的验收相关项目的标准)

四、有关安全注意事项及防护措施等
(填写说明:对测定的安全注意事项及防护措施,废弃物处理等进行具体说明)

水中营养盐指标检测工作页

三、评价（表2-33）

表 2-33　评价

评分项目			配分	评分细则	自评得分	小组评价	教师评价
素养 (40分)	纪律 情况 (15分)	不迟到,不早退	5分	违反一次不得分			
		积极思考回答问题	5分	根据上课统计情况得1~5分			
		有书、本、笔,无手机	5分	违反规定每项扣2分			
		执行教师命令	0分	此为否定项,违规酌情扣10~100分,违反校规按校规处理			
	职业 道德 (8分)	与他人合作	3分	不符合要求不得分			
		认真钻研	5分	按认真程度得1~5分			
	5S(7分)	场地、设备整洁干净	4分	合格得4分 不合格不得分			
		服装整洁,不佩戴饰物	3分	合格得3分 违反一项扣1分			
	职业能 力(10分)	总结能力	5分	视总结清晰流畅,问题清晰措施到位情况得1~5分			
		沟通能力	5分	总结汇报良好沟通得1~5分			
核心技术 (40分)	撰写水质 硝酸盐氮 检测技术 总结报告 (15分)	语言表达	3分	视流畅通顺情况得1~3分			
		问题分析	10分	视准确具体情况得10分,依次递减			
		报告完整	4分	认真填写报告内容,齐全得4分			
		时间要求	3分	在60分钟内完成总结得3分 超过5分钟扣1分			
	编制工业 废水硝酸 盐氮测定 方案 (25分)	资料使用	2分	正确查阅维修手册得2分 错误不得分			
		检测项目完整	5分	完整得5分 错项漏项一项扣1分			
		流程	5分	流程正确得5分 错一项扣1分			
		标准	3分	标准查阅正确完整得3分 错项漏项一项扣1分			
		仪器、试剂	3分	完整正确得3分 错项漏项一项扣1分			
		安全注意事项及防护	2分	完整正确,措施有效得2分 错项漏项一项扣1分			

续表

评分项目			配分	评分细则	自评得分	小组评价	教师评价
工作页完成情况（20分）	按时完成工作页（20分）	按时提交	5分	按时提交得5分,迟交不得分			
		完成程度	5分	按情况分别得1～5分			
		回答准确	5分	视情况分别得1～5分			
		书面整洁	5分	视情况分别得1～5分			
总分							
综合得分(自评20%,小组评价30%,教师评价50%)							

教师评价签字:	组长签字:

请你根据以上打分情况,对本活动当中的工作和学习状态进行总体评述(从素养的自我提升方面、职业能力的提升方面进行评述,分析自己的不足之处,描述对不足之处的改进措施)。

教师指导意见:

项目总体评价

建议学时: 1 学时

通过项目总评考察学生在本项目学习中对知识和技能掌握的情况（表 2-34）。

表 2-34　项目总体评价

项次	项目内容	权重	综合得分（各活动加权平均分 * 权重）	备注
1	接受分析任务	10%		
2	制定方案	20%		
3	实施检测	30%		
4	出具报告	20%		
5	总结拓展	20%		
6	合计			
7	本项目合格与否		教师签字：	

　　请你根据以上打分情况，对本项目当中的工作和学习状态进行总体评述（从素养的自我提升方面、职业能力的提升方面进行评述，分析自己的不足之处，描述对不足之处的改进措施）。

教师指导意见：

学习任务三

地表水中总磷含量测定

任务书

一、任务情景描述

　　富营养化会影响水体的水质，会造成水的透明度降低，使得阳光难以穿透水层，从而影响水中植物的光合作用，可能造成溶解氧的过饱和状态。溶解氧的过饱和以及水中溶解氧少，都对水生动物有害，造成鱼类大量死亡。在形成"绿色浮渣"后，水下的藻类会因照射不到阳光而呼吸水内氧气，不能进行光合作用。水内氧气会逐渐减少，水内生物也会因氧气不足而死亡。死去的藻类和生物又会在水内进行氧化作用，这时水体也会变得很臭，水资源也会被污染，不可再用。

　　我院受某单位的委托，要对位于 XX 地区的地表水按照 GB 11893—89《水质　总磷的测定　钼酸铵分光光度法》对水中总磷含量进行检验，填写检测报告，报出检测结果。并按照《地表水环境质量标准》对检测出的结果给予评价。该学习任务要由环保系在校二年级学生完成。

　　承担该项任务的检测员，根据教师（或实验室辅导教师）派发任务的要求，依据 GB 11893—89 标准 [或行业标准、或《水和废水监测分析方法》（第四版）] 要求制定实验室检测计划，准备仪器试剂，实施检测；并与指导教师（或实验室辅导教师）沟通，复核检测结果，提交原始记录，出具检测报告；按照实验室管理规范清洁整理，保养设备并填写记录。

　　检测过程中，实验员在总磷检测过程中按 GB 11893—89 相关规定执行，过程记录完整，质控监测合格。

二、学习活动及课时分配表（表3-1）

表3-1　学习活动及课时分配表

活 动 序 号	学 习 活 动	学 时 安 排	备　注
1	接受任务	4学时	
2	制定方案	8学时	
3	实施检测	24学时	
4	验收交付	6学时	
5	总结拓展	6学时	
合计		48学时	

学习活动一 接受任务

建议学时：4学时

学习要求：通过本活动明确本项目的任务和要求， 学习测定水中总磷的方法并编写出检测任务分析报告， 具体要求及学时安排见表 3-2。

表 3-2 具体要求及学时

序号	工作步骤	要　　求	建议学时	备注
1	识读任务单	能快速准确明确任务要求并清晰表达，在教师要求的时间内完成，能够读懂委托书各项内容	0.5学时	
2	明确检测方法	能够选择任务需要完成的方法，并进行时间和工作场所安排，掌握相关理论知识	1学时	
3	编写任务分析报告	能够清晰地描写任务认知与理解等，思路清晰，语言描述流畅	2学时	
4	评价		0.5学时	

一、识读任务单（表 3-3）

表 3-3　QRD-1101　样品检测委托单

委托单位基本情况				
单位名称	北京市城市排水监测总站责任有限公司			
单位地址	北京市朝阳区来广营甲 3 号			
联系人	×××　　固定电话	×××　　手机		×××

样品情况				
委托样品	□水样√	□泥样		□气体样品
参照标准	GB 11893—89《水质　总磷的测定钼酸铵分光光度法》			
样品数量	12 个	采样容器　塑料桶装瓶	样品量	各 2L
样品状态	□浊　　□较浊√　　□较清洁　　□清洁 □黑色　　□灰色　　□其他颜色			

检测项目

常规检测项目

□液温　　□pH　　□悬浮物　　□化学需氧量　　□总磷　　□氨氮

□动植物油　　□矿物油　　□色度　　□生物需氧量　　□溶解性固体　　□氯化物

□浊度　　□总氮　　□溶解氧　　□总铬　　□六价铬　　□余氯

□总大肠杆菌　　□粪大肠杆菌　　□细菌总数　　□表面活性剂

金属离子检测项目

□总铜　　□总锌　　□总铅　　□总镉　　□总铁　　□总汞

□总砷　　□总锰　　□总镍

其他检测项目

□钙　　□镁　　□总钠　　□钾　　□硒　　□锑

□硼　　□酸度　　□碱度　　□硬度　　□甲醛　　□苯胺

□硫酸盐　　□挥发酚　　□氰化物　　□总固体　　□氟化物　　□硝基苯

□硫化物　　□硝酸盐氮　　□亚硝酸盐氮　　□高锰酸盐指数

□污泥含水率　　□灰分　　□挥发分　　□污泥浓度

备注			
样品存放条件	√室温\避光\冷藏(4℃)	样品处置	□退回　□处置(自由处置)
样品存放时间	可在室温下保存 7 天		
出报告时间	□正常(十五天之内)　□加急(七天之内)√		

1. 从阅读任务单，你能得到下列信息

（1）委托检测单位＿＿＿＿＿＿＿＿＿＿＿＿＿

（2）委托人＿＿＿＿＿＿＿＿＿＿＿

（3）委托样品＿＿＿＿＿＿；数量＿＿＿＿＿；包装＿＿＿＿＿＿；单个样品量＿＿＿＿＿＿

（4）还有哪些总结的信息＿＿＿＿＿＿＿＿＿＿＿＿＿＿＿＿＿＿＿

（5）样品的采集和保存

总磷的测定中水样采集后，加＿＿＿＿＿＿酸化至 pH≤2 保存。溶解性正磷酸盐的测定，不加任何试剂，于＿＿＿＿＿＿冷处保存，在 24h 内进行分析。

2. 用一句话说明工作任务：＿＿＿＿＿＿＿＿＿＿＿＿＿＿＿＿＿＿＿＿＿＿

＿＿＿＿＿＿＿＿＿＿＿＿＿＿＿＿＿＿＿＿＿＿＿＿＿＿＿＿＿＿＿＿＿＿＿＿＿

3. 查阅资料，确定本检测参照标准是（　　　）

A. GB/T10647； B. GB 11893—1989；

C. GB/T 11894—1989； D. GB 11892—1989

4. 完成此工作的要求是＿＿＿＿＿＿＿＿＿＿＿＿＿＿＿＿＿＿＿＿＿＿＿＿

二、 明确检测方法

1. 查阅水质检测标准或《水和废水监测分析方法》（第四版），解读任务内涵，回答表 3-4 中问题。

表 3-4　检测方法

检 测 任 务	检 测 方 法	适用范围及方法说明
水中总磷		

2. 解读"钼酸铵分光光度法"方法。

＿＿＿＿＿＿＿＿＿＿＿＿＿＿＿＿＿＿＿＿＿＿＿＿＿＿＿＿＿＿＿＿＿＿＿＿＿

＿＿＿＿＿＿＿＿＿＿＿＿＿＿＿＿＿＿＿＿＿＿＿＿＿＿＿＿＿＿＿＿＿＿＿＿＿

＿＿＿＿＿＿＿＿＿＿＿＿＿＿＿＿＿＿＿＿＿＿＿＿＿＿＿＿＿＿＿＿＿＿＿＿＿

＿＿＿＿＿＿＿＿＿＿＿＿＿＿＿＿＿＿＿＿＿＿＿＿＿＿＿＿＿＿＿＿＿＿＿＿＿

＿＿＿＿＿＿＿＿＿＿＿＿＿＿＿＿＿＿＿＿＿＿＿＿＿＿＿＿＿＿＿＿＿＿＿＿＿

3. 地表水中总磷的测定意义和表示方法。

（总磷包括水溶解的、悬浮物的、有机磷和无机磷。）

（1）测定的意义

磷是水富营养化的_____。为了保护水质，控制危害，在水环境监测中总磷已列入_____项目。

（2）表示方法（以什么计）_____

（3）单位_____

（4）公式中各项的意义_____

_____

4. 任务要求我们检测水中的总磷指标，请你回忆一下，之前检测过水的哪些指标呢？采用的是什么方法？（表3-5）

表 3-5　指标及采用方法

序　　号	指　　标	采 用 方 法
1		
2		
3		
4		
5		

5. 钼酸铵分光光度法检测用仪器

写出检测用的仪器的名称。

　　　　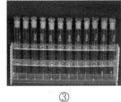

　　　①　　　　　　　　　　　②　　　　　　　　　　　③

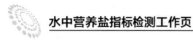

三、编写任务分析报告（表 3-6）

表 3-6　任务分析报告

任务分析报告

一、基本信息

序号	项目	名称	备注
1	委托任务的单位		
2	项目联系人		
3	委托样品		
4	检验参照标准		
5	委托样品信息		
6	检测项目		
7	样品存放条件		
8	样品处置		
9	样品存放时间		
10	出具报告时间		
11	出具报告地点		

二、方法选择

序号	可选用方法	主要仪器

选定的方法为 _____ ,原因如下：

四、评价（表 3-7）

表 3-7　评价

评分项目			配分	评分细则	自评	小组评价	教师评价
素养 （40 分）	纪律情况 （15 分）	不迟到、早退	5 分	违反一次不得分			
		积极思考回答问题	5 分	不积极思考回答问题扣 1~5 分			
		学习用品准备齐全	5 分	违反规定每项扣 2 分			
		执行教师命令	0 分	不听从教师管理酌情扣 10~100 分			
	职业道德 （10 分）	能与他人合作	4 分	不能按要求与他人合作扣 4 分			
		追求完美	6 分	工作不认真扣 3 分 工作效率差扣 3 分			

续表

评分项目			配分	评分细则	自评	小组评价	教师评价
素养 （40分）	5S （15分）	场地、设备整洁干净	5分	仪器设备摆放不规范扣3分 实验台面乱扣2分			
		操作工作中试剂摆放	5分	共用试剂未放回原处扣3分 实验室环境乱扣2分			
		服装整洁,不佩戴饰物	5分	佩戴饰物扣5分			
	综合能力 （5分）	阅读理解能力	5分	未能在规定时间内描述任务名称及要求扣5分 超时或表达不完整扣3分			
核心技术 （40分）	阅读任务 （20分）	快速、准确信息提取	6分	不能提取信息酌情扣1～3分 小组讨论不发言扣1分 抄别提取信息扣3分			
		时间要求	4分	15分钟内完成得2分 每超过3分钟扣1分			
		质量要求	10分	作业项目完整正确得5分 错项漏项一项扣1分			
		安全要求	0分	违反一项基本检查不得分			
	填写任务 分析报告情况 （20分）	资料使用	5分	未使用参考资料扣5分			
		项目完整	10分	缺一项扣1分			
		用专业词填写	5分	整体用生活语填写扣5分 错一项扣0.5分			
工作页 完成情况 （20分）	按时完成 工作页 （20分）	按时提交	5分	未按时提交扣5分			
		内容完成程度	5分	缺项酌情扣1～5分			
		回答准确率	5分	视情况酌情扣1～5分			
		字迹书面整洁	5分	视情况酌情扣1～5分			
得　　分							
综合得分（自评20%,小组评价30%,教师评价50%）							
总　　分							
本人签字:			组长签字:		教师评价签字:		

请你根据以上打分情况,对本活动当中的工作和学习状态进行总体评述(从素养的自我提升方面、职业能力的提升方面进行评述,分析自己的不足之处,描述对不足之处的改进措施)。

教师指导意见:

学习活动二　制定方案

建议学时：8学时

学习要求：通过"水质　总磷的测定　钼酸铵分光光度法"检测流程图的绘制以及试剂、仪器清单的编写，完成地表水中总磷检测方案的编制。具体要求及学时安排见表3-8。

表3-8　具体要求及学时安排

序号	工作步骤	要求	建议学时	备注
1	解读标准	1. 熟悉标准方法原理 2. 明确标准方法使用范围	2学时	
2	绘制检测流程表	在45分钟内完成，流程表符合项目要求	1学时	
3	编制试剂清单	试剂清单完整，符合检测需求	0.5学时	
4	编制仪器清单	仪器清单完整，符合检测需求	0.5学时	
5	溶液制备清单	溶液制备清单完整，符合检测需求	0.5学时	
6	编制检测方案	完成检测方案编写，任务描述清晰，检验标准符合厂家要求，试剂、材料与流程表及检测标准对应	3学时	
7	评价		0.5学时	

解读标准

1. 本项目所采用标准的方法原理是什么？

_____

_____

_____

_____

2. 根据化学试剂的纯度，按杂质含量的多少，国内将化学试剂分为几级？分别称作什么级别？用什么符号表示？试剂标签是什么颜色？

_____

_____

_____

3. 各种试剂按纯度从高到低的代号顺序是（　　　）

A. GR＞AR＞CP　　　B. GR＞CP＞AR　　　C. AR＞CP＞GR　　　D. CP＞AR＞GR

4. 实验室很多玻璃仪器上都有体积刻度值，那么如何选用玻璃仪器？

_____

_____

5. 本标准的适用范围是什么？

_____

_____

_____

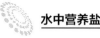

一、编写检测流程表

阅读标准，绘制水质总磷检测工作流程表（表3-9），要求操作项目具体可执行。

表3-9　工作流程表

序　号	操 作 项 目
1	
2	
3	
4	
5	
6	
7	
8	
9	
10	

二、编制试剂清单（表3-10）

表3-10　试剂清单

序　号	试 剂 名 称	分 子 式	试 剂 规 格	用　途
1				
2				
3				
4				
5				
6				
7				
8				
9				
10				
11				
12				
13				
14				

三、编制仪器清单（表 3-11）

表 3-11　仪器清单

序　　号	仪器名称	规　格	数　　量	用　　途
1				
2				
3				
4				
5				
6				
7				
8				
9				
10				

四、填写溶液制备清单

表 3-12　溶液制备清单

序　　号	制备溶液名称	制　备　方　法	制　备　量
1			
2			
3			
4			
5			
6			
7			

水中营养盐指标检测工作页

五、 编制检测方案（表 3-13）

表 3-13　检测方案

方案名称：_____

一、任务目标及依据

（填写说明：概括说明本次任务要达到的目标及相关文件和技术资料）

二、工作内容安排

（填写说明：列出工作流程、使用的仪器设备、试剂、人员及时间安排等）

序　号	工 作 流 程	仪　器	试　剂	人 员 安 排	时 间 安 排	工 作 要 求

三、验收标准

（填写说明：本项目最终的验收相关项目的标准）

四、有关安全注意事项及防护措施等

（填写说明：对检测的安全注意事项及防护措施，废弃物处理等进行具体说明）

六、评价（表 3-14）

表 3-14　评价

评 分 项 目			配分	评 分 细 则	自评得分	小组评价	教师评价
素养 （20分）	纪律情况 （5分）	不迟到,不早退	2分	违反一次不得分			
		积极思考回答问题	2分	根据上课统计情况得 1～2分			
		学习用具全	1分	违反规定每项扣1分			
		执行教师命令	0分	此为否定项,违规酌情扣 10～100分,违反校规按校规处理			
	职业道德 （5分）	与他人合作	2分	不符合要求不得分			
		追求完美	3分	对工作精益精且效果明显得3分 对工作认真得2分 其余不得分			
	5S （5分）	场地、设备整洁干净	3分	合格得3分 不合格不得分			
		服装整洁,不佩戴饰物	2分	合格得2分 违反一项扣1分			
	职业能力 （5分）	策划能力	3分	按方案策划逻辑性得 1～5分			
		资料使用	2分	正确查阅作业指导书和标准得2分 错误不得分			
核心技术 （60分）	时间 （5分）	时间要求	5分	90分钟内完成得5分 超时10分钟扣2分			
	目标依据 （5分）	目标清晰	3分	目标明确,可测量得 1～3分			
		编写依据	2分	依据资料完整得2分 缺一项扣1分			
	检测流程 （15分）	项目完整	7分	完整得7分 漏一项扣1分			
		顺序	8分	全部正确得8分 错一项扣1分			
	工作要求 （5分）	要求清晰准确	5分	完整正确得5分 错项漏项一项扣1分			
	仪器设备试剂 （10分）	名称完整	5分	完整、型号正确得5分 错项漏项一项扣1分			
		规格正确	5分	数量型号正确得5分 错一项扣1分			
	人员 （5分）	组织分配合理	5分	人员安排合理,分工明确得5分 组织不适一项扣1分			

水中营养盐指标检测工作页

评分项目			配分	评分细则	自评得分	小组评价	教师评价
核心技术（60分）	验收标准（5分）	标准	5分	标准查阅正确、完整得5分错、漏一项扣1分			
	安全注意事项及防护等（10分）	安全注意事项	5分	归纳正确、完整得5分			
		防护措施	5分	按措施针对性、有效性得1~5分			
工作页完成情况（20分）	按时完成工作页（20分）	按时提交	5分	按时提交得5分迟交不得分			
		完成程度	5分	按情况分别得1~5分			
		回答准确率	5分	视情况分别得1~5分			
		书面整洁	5分	视情况分别得1~5分			
总分							
综合得分(自评20%,小组评价30%,教师评价50%)							

教师评价签字：　　　　　　组长签字：

请你根据以上打分情况,对本活动当中的工作和学习状态进行总体评述(从素养的自我提升方面、职业能力的提升方面进行评述,分析自己的不足之处,描述对不足之处的改进措施)。

教师指导意见：

学习活动三　实施检测

建议学时：24学时

学习要求：通过水质总磷检测前的准备，能正确配制试剂溶液，符合浓度要求；规范使用仪器设备；进行方法验证，达到实验要求，进行样品检测，记录原始数据。具体要求及学时安排见表 3-15。

表 3-15　具体要求及学时安排

序号	工作步骤	要求	学时	备注
1	安全注意事项	遵守实验室管理制度，规范操作	0.5 学时	
2	配制溶液	规定时间内完成溶液配制，准确，原始数据记录规范，操作过程规范	4 学时	
3	准备仪器	能够在阅读仪器的操作规程指导下，正确的操作仪器，并对仪器状态进行准确判断	1 学时	
4	方法验证	能够根据方法验证的参数，对方法进行验证，并判断方法是否合适	4 学时	
5	样品预处理	样品保存符合要求 预处理方法选择正确	4 学时	
6	实施分析检测	严格按照标准方法和作业指导书要求实施分析检测，最后得到样品数据	8 学时	
7	填写原始数据记录表	及时、真实、完整填写 清晰、无涂改	1 学时	
8	教师考核表		1 学时	
9	评价		0.5	

一、安全注意事项

请回忆一下，我们之前在实训室工作时，有哪些安全事项是需要我们特别注意的？现在我们要进入一个新的实训场地，请阅读《实验室安全管理办法》总结该任务需要注意的安全注意事项。

二、配制溶液

1. 试剂溶液制备问题

实验室用水应该用什么样的水？该项目检测对实验分析用水有什么要求？

_____

_____

_____

_____

2. 请完成实验用溶液的配制，并做好数据记录（表3-16）。

（1）填表。

表 3-16　数据记录

序号	溶液名称	溶液浓度	配制量	配制方法

（2）参照标准 GB11893—89，说出配制钼酸盐溶液操作要点。

_____

_____

_____

_____

_____

（3）如何配制 1mL 含 50μg 磷的磷标准贮备液 0.5L？

_____

_____

_____

_____

3. 溶液确认表（表 3-17）

表 3-17　总磷检测试剂溶液确认表

序号	试剂名称	浓度	试剂量	配制时间	配制人员	试剂确认

三、准备仪器

1. 填写仪器确认单（表 3-18）

表 3-18　仪器确认单

序号	仪器名称	型号	数量	是否符合要求
1				
2				
3				
4				
5				

检查人：　　　　日期：

2. 比色皿成组性测试

将波长选择至实际使用的波长_____上，将一套比色皿都注入蒸馏水，将其中一只的透射比调至 100% 处，测量其他各只的透射比，凡透射比之差不大于 0.5%，即可配套使用。

检查记录见表 3-19。

表 3-19　检查记录

比色皿	1	2	3	4	备注
测量值(T)/%					
结论					

检查人：　　　　时间：

3. 空白实验检测

分光光度法的测量误差反映在空白实验结果中，用空白实验结果修正样品测量结果，可消除实验中各种原因所产生的误差，从而使样品测量结果更准确，更可靠。因此，空白实验值的大小及其分散程度最终将直接影响样品的测试结果。

空白实验的目的是获得空白校正值，只有大小及其测定均符合要求的空白实验值，才能作为同批样品分析结果的空白校正值。

空白试液的选择

（1）本实验是以＿＿＿＿＿＿＿＿＿作为空白试液。

（2）由于影响＿＿＿＿＿的各种因素大小不可能每次实验都完全相同，所以每次分析样品的同时均应作＿＿＿＿＿。

四、方法验证

1. 进行磷质控样检测，检测记录见表 3-20。

表 3-20　检测记录

试剂 ＼ 管号	标准系列						
	1	2	3	4	5	6	7
2μg/mL 磷标准溶液/mL							
过硫酸钾溶液/mL							
抗坏血酸溶液/mL							
钼酸盐溶液/mL							
吸光度(A)　A_1							
吸光度(A)　A_2							
吸光度平均值							
校正吸光度							

检验人　　　复核人

2. 样品检测数据记录（表 3-21）

表 3-21　数据记录

管号 / 试剂	样品			
	样品 1		样品 2	
	1	2	3	4
2μg/mL 磷标准溶液/mL				
过硫酸钾溶液/mL				
抗坏血酸溶液/mL				
钼酸盐溶液/mL				
吸光度(A)　A₁				
吸光度(A)　A₂				
吸光度平均值				
校正吸光度				

检验人：　　　复核人：

3. 以磷的含量为横坐标，以测得的对应的吸光度扣除空白的试验的吸光度为纵坐标绘制工作曲线

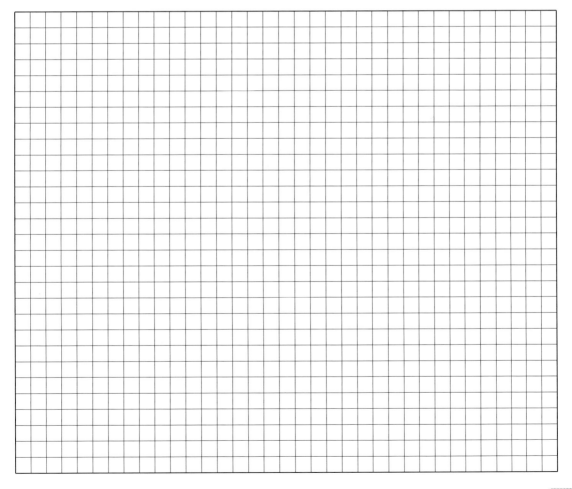

4. 从工作曲线上查出测得质控样的磷含量与质控样真实值比较，计算出误差及相对误差

质控样值_____ 测定值_____

误差＝

相对误差＝

要求相对误差≤

五、样品预处理

1. 水样的预处理

采集的_____立即经_____微孔滤膜过滤，其滤液可溶性_____的测定。取混合水样（包括悬浮物），也经_____分解，测得水中_____含量。

2. 钼酸盐分光光度法是采用_____消解法。

3. 过硫酸钾消解：向试样中加_____过硫酸钾，将比色管的盖塞紧后，用一小块布和线将_____扎紧（或用其他方法固定），放在大烧杯中置于_____加热，待压力达_____、相应温度为_____时，保持_____后停止加热。待压力表读数降至_____后，取出放冷，然后用水_____。

4. 如用硫酸保存水样，当用过硫酸钾消解时，需先将试样调至_____。若用过硫酸钾消解不完全，则用_____消解。

六、实施分析检测

测定步骤

1. 空白试样

进行空白试验，用蒸馏水代替试样，并加入与测定时相同体积的试剂。

2.测定

（1）消解

① 过硫酸钾消解：向试样中加 4mL 过硫酸钾，将比色管的盖塞紧后，用一小块布和线将玻璃塞扎紧（或用其他方法固定），放在大烧杯中置于高压蒸汽消毒器中加热，待压力达 1.1kg/cm²、相应温度为 120℃时、保持 30min 后停止加热。待压力表读数降至零后，取出放冷。然后用水稀释至标线。

注：如用硫酸保存水样。当用过硫酸钾消解时，需先将试样调至中性。若用过硫酸钾消解不完全，则用硝酸—高氯酸消解。

② 硝酸—高氯酸消解：取 25mL 试样于锥形瓶中，加数粒玻璃珠，加 2mL 硝酸在电热板上加热浓缩至 10mL。冷后加 5mL 硝酸，再加热浓缩至 10mL，冷却。再后加 3mL 高氯酸，加热至高氯酸冒白烟，此时可在锥形瓶上加小漏斗或调节电热板温度，使消解液在瓶内壁保持回流状态，直至剩下 3～4mL，冷却。

加水 10mL，加 1 滴酚酞指示剂，滴加氢氧化钠溶液至刚好呈微红色，再滴加硫酸溶液使微红刚好退去，充分混匀，移至具塞刻度管中，用水稀释至标线。

注：①用硝酸—高氯酸消解需要在通风橱中进行。高氯酸和有机物的混合物经加热易发生危险，需将试样先用硝酸消解，然后再加入高氯酸消解。

②绝不可把消解的试样蒸干。

③如消解后有残渣时，用滤纸过滤于具塞比色管中。

④水样中的有机物用过硫酸钾氧化不能完全破坏时，可用此法消解。

（2）发色

分别向各份消解液中加入 1mL 抗坏血酸溶液混匀，30s 后加 2mL 钼酸盐溶液充分混匀。

注：①如试样中含有浊度或色度时，需配制一个空白试样（消解后用水稀释至标线）然后向试料中加入 3mL 浊度——色度补偿液，但不加抗坏血酸溶液和钼酸盐溶液。然后从试料的吸光度中扣除空白试料的吸光度。

②砷大于 2mg/L 干扰测定，用硫代硫酸钠去除。硫化物大于 2mg/L 干扰测定，通氮气去除。铬大于 50mg/L 干扰测定，用亚硫酸钠去除。

（3）分光光度测量

室温下放置 15min 后，使用光程为 30mm 比色皿，在 700nm 波长下，以水做参比，测定吸光度。扣除空白试验的吸光度后，从工作曲线上查得磷的含量。

注：如显色时室温低于 13℃，可在 20～30℃水浴上显色 15min 即可。

（4）工作曲线的绘制

取 7 支具塞比色管分别加入 0.00mL，0.50mL，1.00mL，3.00mL，5.00mL，10.00mL，15.00mL 磷酸盐标准使用溶液。加水至 25mL。然后按测定步骤进行处理。以水做参比，测定吸光度。扣除空白试验的吸光度后，和对应的磷的含量绘制工作曲线。

七、填写原始数据记录表 （表3-22）

分光光度法分析原始记录表

样品名称：　　　　　　　　　　分析项目：总磷　　　　　　　　　　收样日期：

分析日期：

方法依据：GB11893-98　　　　　仪器型号：　　　　　　　　　　　仪器编号：

最低检出限：

测定波长：700nm　　　　　　　比色皿厚度：3cm　　　　　　　参比溶液：蒸馏水

表3-22　数据记录

分析编号	样品编号	取样体积$(V)/\text{mL}$	样品吸光度(A)	试剂空白吸光度值(A_0)	$A-A_0$	测得量$/\mu g$	样品浓度$/(\text{mg/L})$	备注

加标溶液浓度$/(\text{mg/L})$：　　　　加标体积$/\text{mL}$：　　　　加标物质量$/\mu g$：

校准曲线编号：　　　　　　　绘制日期：　　　　　　回归方程：$a=$　　　　$b=$

相关系数：$r=$

校准曲线检验(中等浓度标准溶液吸光值－空白值)：　　　　原方程吸光度：

现测吸光度：　　　　　　　相对偏差$/\%$：

计算公式：$\rho=K(A-A_0)/(bV)$

分析：　　　　　　　　　复核：　　　　　　　　　审核：

　　绘制标准曲线，从绘制的工作曲线查出水样样品中校正吸光度对应的 m 值，计算出水样样品的总磷含量、极差和相对极差。要求有计算过程。（要求相关系数 $r\geqslant0.999$）。

八、教师考核记录表（表3-23）

表3-23　教师考核记录表

地表水中总磷含量检测 工作流程评价表						
第一阶段　配制溶液（20分）						
序号	考核内容	考核标准	正确	错误	分值	得分
1	称量操作	1. 检查电子天平水平			10分	
2		2. 会校正电子天平				
3		3. 带好称量手套				
4		4. 称量纸放入电子天平操作正确				
5		5. 会去皮操作				
6		6. 称量操作规范				
7		7. 多余试样不放回试样瓶中				
8		8. 称量操作有条理性				
9		9. 称量过程中及时记录实验数据				
10		10. 称完后及时将样品放回原处				
11		11. 将多余试样统一放好				
12		12. 及时填写称量记录本				
13	溶液配制	1. 溶解操作规范			10分	
14		2. 过硫酸钾溶液配制符合要求				
15		3. 装瓶规范，标签规范				
16		4. 移液管使用规范				
17		5. 容量瓶选择、使用规范				
18		6. 酸溶液转移规范				
第二阶段（5分）						
19	准备仪器	1. 分光光度仪规格选择正确			5分	
20		2. 比色皿选择				
21		3. 使用高压容器消毒器				
22		4. 仪器摆放符合实验室要求				

		第三阶段(35分)				
序号	考核内容	考核标准	正确	错误	分值	得分
23	分光光度计使用	1. 比色皿洗涤			35分	
24		2. 比色皿加液				
25		3. 用滤纸吸水				
26		4. 用镜头纸擦				
27		5. 比色皿放错位置				
28		6. 换液操作				
29		7. 重复读数操作				
30		8. 检测现场符合"5S"要求				
		第四阶段 实验数据记录(20分)				
31	数据记录	1. 数据记录真实准确完整			20分	
32		2. 数据修正符合要求				
33		3. 数据记录表整洁				
		地表水中总磷含量检测			80分	
综合评价项目		详细说明			分值	得分
1	基本操作规范性	动作规范准确得3分			3分	
		动作比较规范,有个别失误得2分				
		动作较生硬,有较多失误得1分				
2	熟练程度	操作非常熟练得5分			5分	
		操作较熟练得3分				
		操作生疏得1分				
3	分析检测用时	按要求时间内完成得3分			3分	
		未按要求时间内完成得2分				
4	实验室5S	试验台符合5S得2分			2分	
		试验台不符合5S得1分				
5	礼貌	对待考官礼貌得2分			2分	
		欠缺礼貌得1分				
6	工作过程安全性	非常注意安全得5分			5分	
		有事故隐患得1分				
		发生事故得0分				
		综合评价项目分值小计			20分	
		总成绩分值合计			100分	

九、评价（表3-24）

表3-24 评价

评分项目			配分	评分细则	自评	小组评价	教师评价
素养 （40分）	纪律情况 （15分）	不迟到、早退	5分	违反一次不得分			
		积极思考回答问题	5分	不积极思考回答问题扣1～5分			
		学习用品准备齐全	5分	违反规定每项扣2分			
		执行教师命令	0分	不听从教师管理酌情扣10～100分			
	职业道德 （10分）	能与他人合作	3分	不能按要求与他人合作扣3分			
		追求完美	4分	工作不认真扣2分 工作效率差扣2分			
	5S （10分）	场地、设备整洁干净	5分	仪器设备摆放不规范扣3分 实验台面乱扣2分			
		操作工作中试剂摆放	2分	共用试剂未放回原处扣1分 实验室环境乱扣1分			
		服装整洁,不佩戴饰物	3分	佩戴饰物扣3分			
	综合能力 （5分）	阅读理解能力	5分	未能在规定时间内描述任务名称及要求扣5分 超时或表达不完整扣3分			
核心技术 （40分）	阅读任务 （20分）	快速、准确信息提取	6分	不能提取信息酌情扣1～3分 小组讨论不发言扣1分 抄别提取信息扣3分			
		时间要求	4分	15分钟内完成得4分 每超过3分钟扣1分			
		质量要求	10分	作业项目完整正确得10分 错项漏项一项扣1分			
		安全要求	0分	违反一项基本检查不得分			
	填写任务分析报告情况 （20分）	资料使用	8分	未使用参考资料扣5分			
		项目完整	8分	缺一项扣1分			
		用专业词填写	8分	整体用生活语填写扣2分 错一项扣0.5分			

续表

评 分 项 目			配分	评 分 细 则	自评	小组评价	教师评价
工作页 完成情况 (20分)	按时完成 工作页 (20分)	按时提交	5分	未按时提交扣5分			
		内容完成程度	5分	缺项酌情扣1~5分			
		回答准确率	5分	视情况酌情扣1~5分			
		字迹书面整洁	5分	视情况酌情扣1~5分			
得分							
综合得分(自评20%,小组评价30%,教师评价50%)							
总分							

本人签字: 　　　　　　　　　组长签字: 　　　　　　　　　教师评价签字:

请你根据以上打分情况,对本活动当中的工作和学习状态进行总体评述(从素养的自我提升方面、职业能力的提升方面进行评述,分析自己的不足之处,描述对不足之处的改进措施)。

教师指导意见:

学习活动四　验收交付

建议学时：6学时

学习要求：能够对检测原始数据进行数据处理并规范完整的填写报告书，并对超差数据原因进行分析，具体要求见表3-25。

表 3-25　要求及学时

序号	工作步骤	要求	学时	备注
1	编制质量分析报告	1. 绘制标准曲线，计算检测结果 2. 依据质控结果，判断测定结果可靠性 3. 分析测定中存在问题和操作要点	3学时	
2	编制地表水中总磷含量检测报告	依据检测结果，编制检测报告单，要求用仿宋体填写，规范，字迹清晰，整洁	2.5学时	
3	评价		0.5学时	

一、编制质量分析报告

1. 数据分析（表 3-26、表 3-27）

（1）样品

表 3-26　数据分析

样品编号	取样体积/mL	样品吸光度(A)	试剂空白吸光度值(A_0)	$A-A_0$	测得量/μg	样品浓度/(mg/L)	分析者

（2）标准

表 3-27　标准

标准系列								
项　　目		1	2	3	4	5	6	7
吸光度(A)	A_1							
	A_2							
吸光度平均值								
校正吸光度								

2. 绘制工作曲线

计算公式

$$TP（以 P 计，mg/L）= \frac{m}{V}$$

式中　m——试样测得含磷量，μg；

　　　 V——测定用试样体积，mL。

极差＝

相对极差＝

3. 结果判断 （表 3-28）

表 3-28　数据判断

一、查阅标准,根据标准要求判断测定结果的准确性
1. 标准中规定:当测定结果自平行≤3.0%,满足准确性要求 　　　　　　　当测定结果自平行>5.0%,不满足准确性要求 2. 实验过程中测定出的相对极差为:样品 1 _____ 样品 2 _____ 3. 判断:测定结果分析　符合准确性要求:是□ 否□ 思考 1:若不能满足自平行要求时,请对其原因进行分析。 (提示:个人不能判断时,可进行小组讨论)   思考 2:相对极差满足自平行要求后,但与质控样比较,相对误差不满足,是否能够出具报告了? (提示:个人不能判断时,可进行小组讨论)   4. 结论: 由于样品 1 测定结果分析_____(是或不是)符合自平行要求,说明_____; 由于样品 2 测定结果分析_____(是或不是)符合自平行要求,说明_____。
二、依据质控结果,判断测定结果可靠性
1. 测定结果可靠性对比表

内　　容	TP 测定值
质控样测定值	
质控样真实值	
质控样测定结果的绝对极差	

2. 判断:质控样品测定结果分析　符合可靠性要求:是□ 否□ 3. 结论: 由于质控样品测定结果_____(是或不是)符合可靠性要求,说明_____。
三、分析测定中存在问题和操作要点

二、编制地表水中总磷含量检测报告

编制报告要求

① 无遗漏项,无涂改,字体填写规范,报告整洁。

② 检测数据分析结果仅对送检样品负责。

北京市工业技师学院
分析测试中心

检 测 报 告 书

检品名称＿＿＿＿＿＿＿＿＿＿＿＿＿＿＿＿＿＿＿＿＿＿

被检单位＿＿＿＿＿＿＿＿＿＿＿＿＿＿＿＿＿＿＿＿＿＿

报告日期　　年　　月　　日

检测报告书首页　　　　北京市工业技师学院分析测试中心

字（20　年）第　　号

检品名称＿＿＿＿＿＿＿＿＿＿＿＿＿＿＿＿＿＿＿＿＿＿＿　检测类别　委托（送样）

被检单位＿＿＿＿＿＿＿＿＿＿＿＿＿　检品编号＿＿＿＿＿＿＿＿＿＿＿＿＿

生产厂家＿＿＿＿＿＿＿＿＿＿＿＿＿　检测目的＿＿＿＿＿＿　生产日期＿＿＿＿＿＿

检品数量＿＿＿＿＿＿＿＿＿＿＿＿＿　包装情况＿＿＿＿＿＿　采样日期＿＿＿＿＿＿

采样地点＿＿＿＿＿＿＿＿＿＿＿＿＿　检品性状＿＿＿＿＿＿　送检日期＿＿＿＿＿＿

检测项目＿＿＿＿＿＿＿＿＿＿＿＿＿＿＿＿＿＿＿＿＿＿＿＿＿＿＿＿＿＿＿＿＿

检测及评价依据：

　　本栏目以下无内容

结论及评价：

　　本栏目以下无内容

检测环境条件：　　　　温度：　　　　相对湿度：　　　　气压：

主要检测仪器设备：

名称　　　　编号　　　　型号

名称　　　　编号　　　　型号

报告编制：　　　　校对：　　　　　签发：　　　　　盖章

　　　　　　　　　　　　　　　　　　　　　　　年　月　日

报告书包括封面、首页、正文（附页）、封底，并盖有计量认证章、检测章和骑缝章。

检测报告书

项目名称	限值	测定值	判定

报告书包括封面、首页、正文（附页）、封底，并盖有计量认证章、检测章和骑缝章。

三、 评价（表 3-29）

表 3-29　评价

评分项目			配分	评分细则	自评得分	小组评价	教师评价
素养 （40分）	纪律情况 （15分）	不迟到、不早退	5分	违反一次不得分			
		积极思考回答问题	5分	根据上课统计情况得1～5分			
		三有一无（有本、笔、书，无手机）	5分	违反规定每项扣2分			
		执行教师命令	0分	此为否定项，违规酌情扣10～100分，违反校规按校规处理			
	职业道德 （8分）	与他人合作	3分	不符合要求不得分			
		发现问题	5分	按照发现问题得1～5分			
	5S （7分）	场地、设备整洁干净	4分	合格得4分 不合格不得分			
		服装整洁，不佩戴饰物	3分	合格得3分 违反一项扣1分			
	职业能力 （10分）	质量意识	5分	按检验细心程度得1～5分			
		沟通能力	5分	发现问题良好沟通得1～5分			
核心技术 （40分）	编制质量分析报告 （20分）	完整正确	5分	全部正确得5分 错一项扣1分			
		时间要求	5分	15分钟内完成得5分 每超过3分钟扣1分			
		数据分析	5分	正确完整得5分 错项漏项一项扣1分			
		结果判断	5分	判断正确得5分			
	编制检测报告 （20分）	要素完整	15分	按照要求得1～15分，错项漏项一项扣1分			
		时间要求	5分	15分钟内完成得5分 每超过3分钟扣1分			
工作页完成情况 （20分）	按时完成工作页 （20分）	按时提交	5分	按时提交得5分，迟交不得分			
		完成程度	5分	按情况分别得1～5分			
		回答准确率	5分	视情况分别得1～5分			
		书面整洁	5分	视情况分别得1～5分			

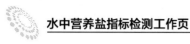

总分			
综合得分(自评 20%,小组评价 30%,教师评价 50%)			

教师评价签字:	组长签字:

请你根据以上打分情况,对本活动当中的工作和学习状态进行总体评述(从素养的自我提升方面、职业能力的提升方面进行评述,分析自己的不足之处,描述对不足之处的改进措施)。

教师指导意见:

学习活动五　总结拓展

建议学时：5 学时

学习要求：通过本活动总结本项目的作业规范和核心技术并通过同类项目练习进行强化。要求及学时见表 3-30。

表 3-30　要求及学时

序号	工作步骤	要求	学时	备注
1	撰写地表水中总磷检测技术总结报告	能在 180 分钟内完成总结报告撰写，用专业术语语言	2.5 学时	
2	编制工业废水中总磷含量测定（钼酸铵分光光度法）测定方案	在 90 分钟内按照要求完成新检测方法方案的编制	2 学时	结合课下完成
3	评价		0.5 学时	

一、撰写地表水中总磷检测技术总结报告

要求：

① 专业术语语言，无错别字。

② 编写内容主要包括：学习内容、体会、学习中的优缺点及改进措施。

总结报告见表3-31。

表3-31　总结报告

_____总结报告
一、任务说明
二、实验原理
三、试剂与器具
四、实验步骤
五、数据记录与处理
六、遇到的问题及解决措施
七、个人体会
八、通过水质总磷检测的学习，请您总结出本项目影响数据准确度的关键因素有哪些?

二、编制工业废水中总磷含量测定（钼酸铵分光光度法） 测定方案

查阅标准，编制工业废水总磷含量测定方案，见表3-32。

表 3-32　检测方案

方案名称：＿＿＿＿＿＿＿＿＿＿

一、任务目标及依据
(填写说明:概括说明本次任务要达到的目标及相关文件和技术资料)

二、工作内容安排
(填写说明:列出工作流程、工作要求、工量具材料、人员及时间安排等)

序　号	工作流程	仪　器	试　剂	人员安排	时间安排	工作要求

三、验收标准
(填写说明:本项目最终的验收相关项目的标准)

四、有关安全注意事项及防护措施等
(填写说明:对测定的安全注意事项及防护措施,废弃物处理等进行具体说明)

三、评价（表3-33）

表3-33　评价

评分项目			配分	评分细则	自评得分	小组评价	教师评价
素养 (40分)	纪律情况 (15分)	不迟到,不早退	5分	违反一次不得分			
		积极思考回答问题	5分	根据上课统计情况得1~5分			
		有书本笔,无手机	5分	违反规定每项扣2分			
		执行教师命令	0分	此为否定项,违规酌情扣10~100分,违反校规按校规处理			
	职业道德 (8分)	与他人合作	3分	不符合要求不得分			
		认真钻研	5分	按认真程度得1~5分			
	5S (7分)	场地、设备整洁干净	4分	合格得4分 不合格不得分			
		服装整洁,不佩戴饰物	3分	合格得3分 违反一项扣1分			
	职业能力 (10分)	总结能力	5分	视总结清晰流畅,问题清晰,措施到位情况得1~5分			
		沟通能力	5分	总结汇报良好沟通得1~5分			
核心技术 (40分)	撰写水质总磷检测技术总结报告 (15分)	语言表达	3分	视流畅通顺情况得1~3分			
		问题分析	10分	视准确具体情况得10分,依次递减			
		报告完整	4分	认真填写报告内容,齐全得4分			
		时间要求	3分	在60分钟内完成总结得3分 超过5分钟扣1分			
	编制工业废水总磷测定 (钼酸铵分光光度法)测定方案 (25分)	资料使用	2分	正确查阅维修手册得2分 错误不得分			
		检测项目完整	5分	完整得5分 错项漏项一项扣1分			
		流程	5分	流程正确得5分 错一项扣1分			
		标准	5分	标准查阅正确完整得5分 错项漏项一项扣1分			
		仪器、试剂	5分	完整正确得5分 错项漏项一项扣1分			
		安全注意事项及防护	3分	完整正确,措施有效得3分 错项漏项一项扣1分			

评 分 项 目			配分	评 分 细 则	自评得分	小组评价	教师评价
工作页 完成情况 (20分)	按时完成 工作页 (20分)	按时提交	5分	按时提交得5分,迟交 不得分			
		完成程度	5分	按情况分别得1~5分			
		回答准确	5分	视情况分别得1~5分			
		书面整洁	5分	视情况分别得1~5分			
总分							
综合得分(自评20%,小组评价30%,教师评价50%)							

教师评价签字:　　　　　　　　　　组长签字:

请你根据以上打分情况,对本活动当中的工作和学习状态进行总体评述(从素养的自我提升方面、职业能力的提升方面进行评述,分析自己的不足之处,描述对不足之处的改进措施)。

教师指导意见:

项目总体评价

建议学时：1 学时

通过项目总评考察学生在本项目学习中对知识和技能掌握的情况，见表 3-34。

表 3-34　项目总体评价

项次	项目内容	权　　重	综合得分 （各活动加权平均分×权重）	备　　注
1	接受分析任务	10%		
2	制定方案	10%		
3	检测前准备	30%		
4	实施检测	30%		
5	出具报告	10%		
6	总结拓展	10%		
7	合计			
8	本项目合格与否		教师签字：	

请你根据以上打分情况，对本项目当中的工作和学习状态进行总体评述（从素养的自我提升方面、职业能力的提升方面进行评述，分析自己的不足之处，描述对不足之处的改进措施）。

教师指导意见：

学习任务四

生活污水中表面活性剂含量测定

任务书

一、任务情景描述

　　水质污染会引起水质理化指标的改变，当水被有机物污染后，会导致水质浊度的明显变化；当水被无机金属盐污染后，会导致水质电导率、酸（碱）度变化，因此通过水质理化指标检测，可以初步掌握水质污染情况。

　　学院要求环保系接受北京市城市排水监测总站责任有限公司，对南院实验楼下排实验污水按照 GB 7494—1987 对水中阴离子表面活性剂进行测定任务，要求学生独立完成含量测定，并填写检测报告。

二、学习活动及课时分配表（表4-1）

表4-1　学习活动及课时分配表

活动序号	学 习 活 动	学 时 安 排	备　　注
1	接受分析任务	8 学时	
2	制定方案	8 学时	
3	检测样品	28 学时	
4	验收交付	8 学时	
5	总结拓展	8 学时	
合计		60 学时	

学习活动一　接受任务

建议学时：8学时

学习要求：通过本活动、明确本项目的任务和要求，学习《水质理化指标检测》中对水中阴离子表面活性剂进行测定方法，并编写出检测任务分析报告，具体要求及学时安排见表4-2。

表4-2　具体要求及学时

序号	工作步骤	要　求	时　间	备　注
1	识读任务书	1. 10分钟内读完任务单 2. 10分钟内找出关键词，清楚工作任务 3. 10分钟内说清楚参照标准 4. 15分钟说清楚完成此工作的要求	1课时	
2	确定检测方法和仪器	1. 30分钟内明确测定意义和表示方法 2. 30分钟内清楚对水中阴离子表面活性剂进行测定方法有几种 3. 30分钟内清楚几种测定方法的适用对象（或范围）	2课时	
3	编制任务分析报告	完成任务分析报告中的项目名称及意义、样品性状、指标及其含义、检测依据、完成时间等项目的填写，并进行交流	4课时	
4	环节评价		1课时	

一、识读任务单（表4-3）

表4-3 QRD-1101样品检测委托单

委托单位基本情况					
单位名称	北京市城市排水监测总站责任有限公司				
单位地址	北京市朝阳区来广营甲3号				
联系人	×××	固定电话	×××	手机	×××
样品情况					
委托样品	□水样√		□泥样	□气体样品	
参照标准	GB 7494—1987				
样品数量	12个	采样容器	塑料桶装瓶	样品量	各2L
样品状态	□浊　□较浊　□较清洁√　□清洁　□黑色　□灰色 □其他颜色				
检测项目					

常规检测项目

□液温	□pH	□悬浮物	□化学需氧量	□总磷	□氨氮
□动植物油	□矿物油	□色度	□生物需氧量	□溶解性固体	□氯化物
□浊度	□总氮	□溶解氧	□总铬	□六价铬	□余氯
□总大肠杆菌	□粪大肠杆菌	□细菌总数	□表面活性剂		

金属离子检测项目

□总铜	□总锌	□总铅	□总镉	□总铁	□总汞
□总砷	□总锰	□总镍			

其他检测项目

□钙	□镁	□总钠	□钾	□硒	□锑
□硼	□酸度	□碱度	□硬度	□甲醛	□苯胺
□硫酸盐	□挥发酚	□氰化物	□总固体	□氟化物	□硝基苯
□硫化物	□硝酸盐氮	□水中阴离子表面活性剂√			

□污泥含水率	□灰分	□挥发分	□污泥浓度		
备注					
样品存放条件	√室温\避光\冷藏(4℃)		样品处置	□退回□处置(自由处置)	
样品存放时间	可在室温下保存7天				
出报告时间	□正常(十五天之内)√　□加急(七天之内)				

1. 从阅读任务单，你能得到下列信息

（1）委托检测单位＿＿＿＿＿＿＿＿＿＿＿＿＿＿＿＿＿＿＿＿＿＿＿＿

（2）委托人＿＿＿＿＿＿＿＿＿＿＿＿＿＿＿＿＿＿＿＿＿＿＿＿＿＿＿＿

（3）委托样品＿＿＿＿＿＿＿＿＿＿；数量＿＿＿＿＿＿＿＿＿；包装＿＿＿＿＿＿＿＿＿；

　　单个样品量＿＿＿＿＿＿＿

（4）还有哪些总结的信息＿＿＿＿＿＿＿＿＿＿＿＿＿＿＿＿＿＿＿＿＿＿

2. 用一句话说明工作任务：＿＿＿＿＿＿＿＿＿＿＿＿＿＿＿＿＿＿＿＿＿

＿＿＿＿＿＿＿＿＿＿＿＿＿＿＿＿＿＿＿＿＿＿＿＿＿＿＿＿＿＿＿＿＿＿

3. 查阅资料，确定本检测参照标准是＿＿＿＿＿＿＿＿＿＿＿＿＿＿＿＿＿＿。

A. GB/T 10647；

B. GB 11893—1989；

C. GB/T 11894—1989；

D. GB 7494—1987，

4. 完成此工作的要求是＿＿＿＿＿＿＿＿＿＿＿＿＿＿＿＿＿＿＿＿＿＿＿＿＿＿

二、明确检测方法

1. 查阅水质检测标准或《水和废水监测分析方法》（第四版），解读任务内涵，回答表 4-4 问题。

表 4-4 检测方法

检 测 任 务	检 测 方 法	适 用 范 围 及 方 法 说 明
实验室污水中阴离子表面活性剂含量测定		

2. 表面活性剂的应用有：

＿＿＿＿＿＿＿＿＿＿＿＿＿＿＿＿＿＿＿＿＿＿＿＿＿＿＿＿＿＿＿＿＿＿＿＿＿

＿＿＿＿＿＿＿＿＿＿＿＿＿＿＿＿＿＿＿＿＿＿＿＿＿＿＿＿＿＿＿＿＿＿＿＿＿

＿＿＿＿＿＿＿＿＿＿＿＿＿＿＿＿＿＿＿＿＿＿＿＿＿＿＿＿＿＿＿＿＿＿＿＿＿

水中阴离子表面活性剂测定指标、采用方法见表 4-5。

表 4-5 测定指标及方法

序 号	测 定 指 标	采 用 方 法
1		
2		
3		

3. 查阅水质检测标准和《水与废水监测分析方法》（第四版），解读任务内涵，回答表 4-6 问题。根据标准和样板，在小组讨论的基础上，设计三个思考题，同时给出答案。

表 4-6

序 号	问 题	简 答
1	表面活性剂	
2	表面活性剂测定原理	
3	表面活性剂性质	
4		
5		
6		

4. 按极性基团的解离性质分类举例说明（表4-7）。

表4-7　分类举例说明

序　　号	内　　容	举 例 说 明
1	阴离子表面活性剂	
2	阳离子表面活性剂	
3	非离子表面活性剂	
4	复合型表面活性剂	

三、编写任务分析报告（表4-8）

表4-8　任务分析报告

<table>
<tr><td colspan="4" align="center">任务分析报告</td></tr>
<tr><td>序号</td><td>项　　目</td><td>名　　称</td><td>备　　注</td></tr>
<tr><td>1</td><td>委托任务的单位</td><td></td><td></td></tr>
<tr><td>2</td><td>项目联系人</td><td></td><td></td></tr>
<tr><td>3</td><td>委托样品</td><td></td><td></td></tr>
<tr><td>4</td><td>检验参照标准</td><td></td><td></td></tr>
<tr><td>5</td><td>委托样品信息</td><td></td><td></td></tr>
<tr><td>6</td><td>检测项目</td><td></td><td></td></tr>
<tr><td>7</td><td>样品存放条件</td><td></td><td></td></tr>
<tr><td>8</td><td>样品处置</td><td></td><td></td></tr>
<tr><td>9</td><td>样品存放时间</td><td></td><td></td></tr>
<tr><td>10</td><td>出具报告时间</td><td></td><td></td></tr>
<tr><td>11</td><td>出具报告地点</td><td></td><td></td></tr>
</table>

方法选择

序　　号	可选用方法	主 要 仪 器
1		
2		
3		

选定的方法为＿＿＿＿＿＿＿＿＿＿＿＿，原因如下：

四、环节评价（表4-9）

表4-9 环节评价

评分项目			配分	评分细则	自评得分	小组评价	教师评价
素养（40分）	纪律情况（15分）	不迟到、早退	5分	违反一次不得分			
		积极思考回答问题	5分	不积极思考回答问题扣1~5分			
		学习用品准备齐全	5分	违反规定每项扣2分			
		执行教师命令	0分	不听从教师管理酌情扣10~100分 违反校规校纪处理扣100分			
	职业道德（10分）	能与他人合作	3分	不能按要求与他人合作扣3分			
		追求完美	4分	工作不认真扣2分 工作效率差扣2分			
	5S（10分）	场地、设备整洁干净	5分	仪器设备摆放不规范扣3分 实验台面乱扣2分			
		操作工作中试剂摆放	5分	共用试剂未放回原处扣3分 实验室环境乱扣2分			
	综合能力（5分）	阅读理解能力	5分	未能在规定时间内描述任务名称及要求扣5分 超时或表达不完整扣3分			
核心技术（40分）	阅读任务（20分）	快速、准确信息提取	6分	不能提取信息酌情扣1~3分 小组讨论不发言扣1分 理解不准确扣3分			
		时间要求	4分	15分钟内完成得4分 每超过3分钟扣1分			
		质量要求	10分	作业项目完整正确得10分 错项漏项一项扣1分			
	填写任务分析报告情况（20分）	资料使用	5分	未使用参考资料扣5分			
		项目完整	10分	缺一项扣1分			
		用专业词填写	5分	整体用生活语填写扣2分 错一项扣0.5分			
工作页完成情况（20分）	按时完成工作页（20分）	按时提交	5分	未按时提交扣5分			
		内容完成程度	5分	缺项酌情扣1~5分			
		回答准确率	5分	视情况酌情扣1~5分			
		字迹书面整洁	5分	视情况酌情扣1~5分			
得分							
综合得分（自评20%，小组评价30%，教师评价50%）							
总分							
本人签字：		组长签字：			教师评价签字：		
请你根据以上打分情况,对本活动当中的工作和学习状态进行总体评述(从素养的自我提升方面、职业能力的提升方面进行评述,分析自己的不足之处,描述对不足之处的改进措施)。 教师指导意见：							

学习活动二 制定方案

建议学时：8课时

学习要求：通过对实验室污水中阴离子表面活性剂含量测定检测流程图的绘制，以及试剂、仪器清单的编写，完成实验室污水中阴离子表面活性剂含量测定检测方案的编制。具体要求及学时安排见表 4-10。

表 4-10 具体要求及学时安排

序号	工 作 步 骤	要 求	建议学时	备 注
1	填写检测流程表	在 45 分钟内完成，流程表符合项目要求	2 学时	
2	编制试剂清单	清单完整，符合检测需求	2 学时	
3	编制仪器清单	清单完整，符合检测需求	0.5 学时	
4	编制溶液制备清单	清单完整，符合检测需求	1 学时	
5	编制检测方案	在 90 分钟内完成编写，任务描述清晰，检验标准符合厂家要求，试剂、材料与流程表及检测标准对应	2 学时	
6	环节评价		0.5 学时	

解读标准

1. 本项目所采用标准的方法原理是什么？

2. 本标准的适用范围是什么？

一、填写检测流程表

请你分析该项目选择的检测方法和作业指导书，写出工作流程，并写出完成的具体工作内容和要求（表4-11）。

表4-11　工作流程、内容及要求

序　号	工作流程	主要工作内容	要　求
1			
2			
3			
4			
5			

二、编制试剂清单（表4-12）

表4-12　试剂清单

序　号	试剂名称	规　格	数　量	用　途
1				
2				
3				
4				
5				
6				
7				
8				

三、编制仪器清单

表4-13　仪器清单

序　号	试剂名称	规　格	数　量	用　途
1				
2				
3				
4				
5				
6				
7				

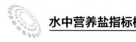

四、填写溶液制备清单（表4-14）

表4-14　溶液制备清单

序　号	制备溶液名称	制 备 方 法	制 备 量	完成时间
1				
2				
3				
4				
5				
6				

五、检测方案（表4-15）

表4-15　检测方案

方案名称：＿＿＿＿＿＿＿＿＿＿＿＿＿＿＿＿＿

一、任务目标及依据

（填写说明：概括说明本次任务要达到的目标及相关文件和技术资料）

二、工作内容安排

（填写说明：列出工作流程、工作要求、使用的仪器、试剂、人员及时间安排等）

序　号	工 作 流 程	仪　器	试　剂	人 员 安 排	时 间 安 排	工 作 要 求

三、验收标准

（填写说明：本项目最终的验收相关项目的标准）

四、有关安全注意事项及防护措施等

（填写说明：对检测的安全注意事项及防护措施，废弃物处理等进行具体说明）

六、评价（表4-16）

表 4-16 评价

评分项目			配分	评分细则	自评得分	小组评价	教师评价
素养（40分）	纪律情况（15分）	不迟到、不早退	5分	违反一次不得分			
		积极思考回答问题	5分	根据上课统计情况得1~5分			
		三有一无（有本、笔、书，无手机）	5分	违反规定每项扣2分			
		执行教师命令	0分	此为否定项，违规酌情扣10~100分，违反校规按校规处理			
	职业道德（5分）	与他人合作	2分	不符合要求不得分			
		追求完美	3分	对工作精益求精且效果明显得3分，对工作认真得2分，其余不得分			
	5S(7分)	场地、设备整洁干净	4分	合格得4分 不合格不得分			
		服装整洁，不佩戴饰物	3分	合格得3分 违反一项扣1分			
	职业能力（13分）	策划能力	5分	按方案策划逻辑性得1~5分			
		资料使用	3分	正确标准等资料得3分，错误不得分			
		创新能力	5分	项目分类、顺序有创新，视情况得1~5分			
检测方案（40分）	时间(3分)	时间要求	3分	按时完成得3分 超时10分钟扣1分			
	目标依据（5分）	目标清晰	3分	目标明确，可测量得1~3分			
		编写依据	2分	依据资料完整得2分 缺一项扣1分			
	检测流程（15分）	项目完整	7分	完整得7分 漏一项扣1分			
		顺序	8分	全部正确得8分 错一项扣1分			
	试剂设备清单（12分）	试剂清单	5分	完整、型号正确得5分 错项漏项一项扣1分			
		仪器清单	3分	数量型号正确得3分 错项漏项一项扣1分			
		溶液制备清单	4分	完整、准确得4分 错一项扣1分			
	检测方案（5分）	方案内容	5分	内容完整准确得5分 错、漏一项扣1分			

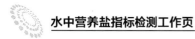

水中营养盐指标检测工作页

续表

评 分 项 目			配分	评 分 细 则	自评得分	小组评价	教师评价
工作页完成情况（20分）	按时完成工作页（20分）	按时提交	5分	按时提交得5分,迟交不得分			
		完成程度	5分	按情况分别得1～5分			
		回答准确	5分	视情况分别得1～5分			
		书面整洁	5分	视情况分别得1～5分			
总分							
综合得分(自评20%,小组评价30%,教师评价50%)							
教师评价签字:				组长签字:			
请你根据以上打分情况,对本活动当中的工作和学习状态进行总体评述(从素养的自我提升方面、职业能力的提升方面进行评述,分析自己的不足之处,描述对不足之处的改进措施)。							
教师指导意见:							

学习活动三　实施检测

建议学时: 28 学时

学习要求: 通过对实验室污水水中阴离子表面活性剂测定前的准备, 能正确配制试剂溶液, 符合浓度要求; 规范使用仪器设备; 进行方法验证, 达到实验要求, 进行样品检测, 记录原始数据。 具体要求及学时安排见表 4-17。

表 4-17　具体要求及学时安排

序号	工 作 步 骤	要　　　求	学　　　时	备　　注
1	安全注意事项	遵守实验室管理制度, 规范操作	1 学时	
2	配制溶液	规定时间内完成溶液配制, 准确, 原始数据记录规范, 操作过程规范	4 学时	
3	准备仪器	能够在阅读仪器的操作规程指导下, 正确的操作仪器, 并对仪器状态进行准确判断	4 学时	
4	方法验证	能够根据方法验证的参数, 对方法进行验证, 并判断方法是否合适。	6 学时	
5	样品预处理	样品保存符合要求 预处理方法选择正确	2 学时	
6	实施分析检测	严格按照标准方法和作业指导书要求实施分析检测, 最后得到样品数据	6 学时	
7	填写原始数据记录表	及时、真实、完整填写 清晰、无涂改	4 学时	
8	教师考核表		0.5 学时	
9	评价		0.5 学时	

一、安全注意事项

1. 请回忆一下，我们之前在实训室工作时，有哪些安全事项是需要我们特别注意的？现在我们要进入一个新的实训场地，请阅读《实验室安全管理办法》总结该完成该任务需要的安全注意事项。

_____

_____

2. 填表（表4-18）

表 4-18　制备注意事项

序　号	溶 液 名 称	制备时应有哪些注意事项
1	1mol/L 氢氧化钠溶液	
2	0.5mol/L 硫酸溶液	
3	直链烷基磺酸钠贮备溶液	
4	直链烷基苯磺酸钠标准溶液	
5	亚甲基蓝溶液	
6	洗涤液	

3. 索氏抽提器的工作原理和操作中的注意事项是什么？

_____

_____

二、配制溶液

1. 试剂溶液制备问题

实验室用水应该用什么样的水？该项目检测对实验分析用水有什么要求？

_____

_____

2. 请完成实验用溶液的配制，并做好数据记录（表4-19、表4-20）。

（1）填表

表 4-19　溶液配制

序　号	溶液名称	溶液浓度	配 制 量	配 制 方 法

（2）溶液确认表（表4-20）

表4-20　溶液确认表

序　　号	试剂名称	浓　　度	试剂量	配制时间	配制人员	试剂确认

（3）样品处理注意

① 样品瓶为什么要用甲醇清洗？

_____

_____

② 在4℃冰箱中保存期为多长时间？

_____

_____

③ 若想长时间保存样品（4天或8天），则对样品应任何处理？

_____

_____

④ 在长时间保存时，加氯仿的作用是什么？如何判断"需用氯仿饱和水样"？

_____

_____

三、准备仪器

1. 填写仪器确认单（表4-21）

表4-21　仪器确认单

序　　号	仪器名称	型　　号	数　　量	是否符合要求
1				
2				
3				
4				
5				

检查人：　　　　　　　　日期：

比色皿成组性测试

将波长选择至实际使用的波长_____上，将一套比色皿都注入蒸馏水，将其中一只的透射比调至100%处，测量其他各只的透射比，凡透射比之差不大于0.5%，即可配套使用。检查记录见表4-22。

表4-22　检查记录

比色皿	1	2	3	4	备注
测量值 T/%					
结论					

2. 在调节分光光度计仪器波长时应有哪些注意事项？为什么？

_____

_____

3. 在测量三氯甲烷萃取液的相关吸光度时应有哪些注意事项？为什么？

_____

_____

四、方法验证

1. 校准方法

_____

_____

_____

_____

2. 实验记录表（表4-23）

表4-23　实验记录

项目	1	2	3	4	5
蒸馏水/mL	100	99	97	95	93
1.00g/L 直链烷基苯磺酸钠/mL	0.00	1.00	3.00	5.00	7.00
氢氧化钠、硫酸调节溶液酸度					
亚甲基蓝溶液/mL	25	25	25	25	25
溶液吸光度值(A)					
项目	6	7	8	9	10
蒸馏水/mL	91	89	87	85	80
1.00g/L 直链烷基苯磺酸钠/mL	9.00	11.00	13.00	15.00	20.00
氢氧化钠、硫酸调节溶液酸度					
亚甲基蓝溶液/mL	25	25	25	25	25
溶液吸光度值(A)					

检验人　　　　　　　　　　　复核人

3. 以被测含量为横坐标，以测得的对应的吸光度扣除空白的试验的吸光度为纵坐标绘制工作曲线

4. 从工作曲线上查出测得质控样的含量与质控样真实值比较，计算出误差及相对误差

质控样值＿＿＿＿＿＿＿　　　测定值＿＿＿＿＿＿＿

误差＝

相对误差＝

要求相对误差≤

五、样品预处理

请叙述样品预处理方法

_____

_____

_____

_____

_____

六、实施分析检测

1. 测定步骤

_____

_____

_____

_____

_____

_____

_____

2. 空白实验检测

分光光度法的测量误差反映在空白实验结果中，用空白实验结果修正样品测量结果，可消除实验中各种原因所产生的误差，从而使样品测量结果更准确，更可靠。因此，空白实验值的大小及其分散程度最终将直接影响样品的测试结果。

空白实验的目的是获得空白校正值，只有大小及其测定均符合要求的空白实验值，才能作为同批样品分析结果的空白校正值。

空白试液的选择

① 本实验是以_____作为空白试液。

② 由于影响_____的各种因素大小不可能每次实验都完全相同，所以每次分析样品的同时均应作_____。

3. 干扰物及消除方法（表 4-24）

表 4-24　干扰物及消除方法

序　号	干　扰　物	消　除　方　法

4、实验记录表（表 4-25）

表 4-25　实验记录表

项　目	1	2	3	4	5
蒸馏水/mL	100	99	97	95	93
1.00g/L 直链烷基苯磺酸钠/mL	0.00	1.00	3.00	5.00	7.00
氢氧化钠、硫酸调节溶液酸度					
亚甲基蓝溶液/mL	25	25	25	25	25
溶液吸光度值(A)					
项　目	6	7	8	9	10
蒸馏水/mL	91	89	87	85	80
1.00g/L 直链烷基苯磺酸钠/mL	9.00	11.00	13.00	15.00	20.00
氢氧化钠、硫酸调节溶液酸度					
亚甲基蓝溶液/mL	25	25	25	25	25
溶液吸光度值(A)					

检验人　　　　　　　　　　　　　　复核人

5. 以被测含量为横坐标，以测得的对应的吸光度扣除空白的试验的吸光度为纵坐标绘制工作曲线

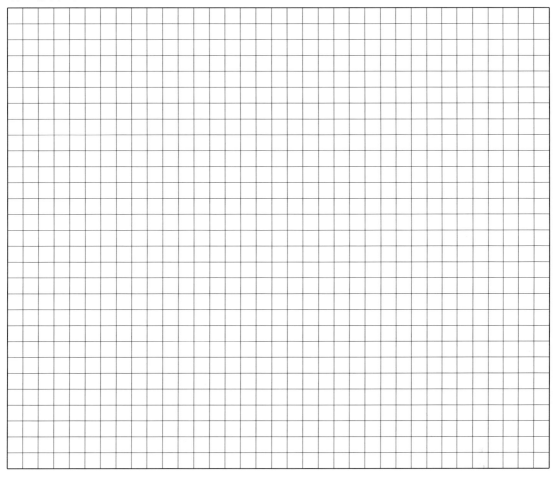

6. 从工作曲线上查出测得质控样的含量与质控样真实值比较，计算出误差及相对误差。

质控样值_____　　　　测定值_____

误差＝

相对误差＝

要求相对误差≤

水中营养盐指标检测工作页

七、填写原始数据记录表 （表4-26）

表 4-26　分光光度法分析原始记录表

样品名称：　　　　　　　　　分析项目：　　　　　　　　　收样日期：

分析日期：

方法依据：　　　　　　　　　仪器型号：　　　　　　　　　仪器编号：

最低检出限：

分 析 编 号	样 品 编 号	取样体积 (V)/mL	样品吸光 度(A)	试剂空白吸光 度值(A_0)	$A-A_0$	测得量/μg	样品浓度 /(mg/L)	备注

加标溶液浓度/(mg/L)：　　　　　加标体积/mL：　　　　　　加标物质量/μg：

校准曲线编号：　　　　　　　绘制日期：　　　　　　　回归方程：$a=$　　　　　$b=$

相关系数：$r=$

校准曲线检验(中等浓度标准溶液吸光值—空白值)：原方程吸光度：　　　　　现测吸光度：

相对偏差/%：

测定波长：　　　　　　　　比色皿厚度：　　　　　　　　　参比溶液：

计算公式：含量（mg/L）$=K(A-A_0)/(bV)$

分析：　　　　　　　　　复核：　　　　　　　　　审核：

　　绘制标准曲线，从绘制的工作曲线查出水样样品中校正吸光度对应的 m 值，计算出水样样品的总磷含量、极差和相对极差。要求有计算过程（要求相关系数 $r \geqslant 0.999$）。

八、教师考核记录表（表 4-27）

表 4-27　教师考核记录表

序号	考核内容	考核标准	正　确	错　误	分　值	得　分
		实验室污水中阴离子表面活性剂含量测定工作流程评价表				
		第一阶段　配制溶液（20 分）				
1	称量操作	1. 检查电子天平水平			10 分	
2		2. 会校正电子天平				
3		3. 带好称量手套				
4		4. 称量纸放入电子天平操作正确				
5		5. 会去皮操作				
6		6. 称量操作规范				
7		7. 多余试样不放回试样瓶中				
8		8. 称量操作有条理性				
9		9. 称量过程中及时记录实验数据				
10		10. 称完后及时将样品放回原处				
11		11. 将多余试样统一放好				
12		12. 及时填写称量记录本				
13	溶液配制	1. 溶解操作规范			10 分	
14		2. 溶液配制符合要求				
15		3. 装瓶规范，标签规范				
16		4. 移液管使用规范				
17		5. 容量瓶选择、使用规范				
18		6. 酸溶液转移规范				
		第二阶段（5 分）				
19	准备仪器	1. 分光光度仪规格选择正确			5 分	
20		2. 比色皿选择				
		3. 使用高压容器消毒器				
21		4. 仪器摆放符合实验室要求				
		第三阶段（35 分）				
22	分光光度计使用	1. 比色皿洗涤			35 分	
23		2. 比色皿加液				
24		3. 用滤纸吸水				
25		4. 用镜头纸擦				
26		5. 比色皿放错位置				
27		6. 换液操作				
28		7. 重复读数操作				
29		8. 检测现场符合"5S"要求				

续表

序号	考核内容	考核标准	正 确	错 误	分 值	得 分
		第四阶段实验数据记录(20分)				
30	数据记录	1. 数据记录真实准确完整			20分	
31		2. 数据修正符合要求				
32		3. 数据记录表整洁				
检测					80分	

	综合评价项目	详细说明	分 值	得 分
1	基本操作规范性	动作规范准确得3分	3分	
		动作比较规范,有个别失误得2分		
		动作较生硬,有较多失误得1分		
2	熟练程度	操作非常熟练得5分	5分	
		操作较熟练得3分		
		操作生疏得1分		
3	分析检测用时	按要求时间内完成得3分	3分	
		未按要求时间内完成得2分		
4	实验室5S	试验台符合5S得2分	2分	
		试验台不符合5S得1分		
5	礼貌	对待考官礼貌得2分	2分	
		欠缺礼貌得1分		
6	工作过程安全性	非常注意安全得5分	5分	
		有事故隐患得1分		
		发生事故得0分		
综合评价项目分值小计			20分	
总成绩分值合计			100分	

九、评价（表4-28）

表4-28 评价

评分项目			配分	评分细则	自评得分	小组评价	教师评价
素养 (40分)	纪律情况 (15分)	不迟到、不早退	5分	违反一次不得分			
		积极思考回答问题	5分	不积极思考回答问题扣1~5分			
		学习用品准备齐全	5分	违反规定每项扣2分			
		执行教师命令	0分	不听从教师管理酌情扣10~100分			
	职业道德 (10分)	能与他人合作	3分	不能按要求与他人合作扣3分			
		追求完美	4分	工作不认真扣2分 工作效率差扣2分			
	5S(10分)	场地、设备整洁干净	5分	仪器设备摆放不规范扣3分 实验台面乱扣2分			
		操作工作中试剂摆放	2分	共用试剂未放回原处扣1分 实验室环境乱扣1分			
		服装整洁,不佩戴饰物	3分	佩戴饰物扣3分			

续表

评 分 项 目			配分	评 分 细 则	自评得分	小组评价	教师评价
素养(40分)	综合能力(5分)	阅读理解能力	5分	未能在规定时间内描述任务名称及要求扣5分 超时或表达不完整扣3分			
核心技术(40分)	阅读任务(20分)	快速、准确信息提取	6分	不能提取信息酌情 扣1~3分 小组讨论不发言扣1分 抄别提取信息扣3分			
		时间要求	4分	15分钟内完成得2分 每超过3分钟扣1分			
		质量要求	10分	作业项目完整正确得5分 错项漏项一项扣1分			
		安全要求	0分	违反一项基本检查不得分			
	填写任务分析报告情况(20分)	资料使用	8分	未使用参考资料扣5分			
		项目完整	8分	缺一项扣1分			
		用专业词填写	8分	整体用生活语填写扣2分 错一项扣0.5分			
工作页完成情况(20分)	按时完成工作页(20分)	按时提交	5分	未按时提交扣5分			
		内容完成程度	5分	缺项酌情扣1~5分			
		回答准确率	5分	视情况酌情1~5分			
		字迹书面整洁	5分	视情况酌情1~5分			
得分							
综合得分(自评20%,小组评价30%,教师评价50%)							
总分							

本人签字：　　　　　　组长签字：　　　　　　教师评价签字：

请你根据以上打分情况,对本活动当中的工作和学习状态进行总体评述(从素养的自我提升方面、职业能力的提升方面进行评述,分析自己的不足之处,描述对不足之处的改进措施)。

教师指导意见：

学习活动四　验收交付

建议学时：8学时

学习要求：能够对检测原始数据进行数据处理并规范完整的填写报告书，并对超差数据原因进行分析，具体要求见表 4-29。

表 4-29　具体要求

序号	工 作 步 骤	要　　　求	学　　时	备　注
1	编制实验室污水中阴离子表面活性剂含量测定质量分析报告	1. 绘制标准曲线，计算检测结果准确 2. 依据质控结果，判断测定结果可靠性 3. 分析测定中存在问题和操作要点	4学时	
2	编制实验室污水中生活污水中阴离子表面活性剂含量测定质量分析	依据检测结果，编制检测报告单，要求用仿宋体填写，规范，字迹清晰，整洁	3学时	
3	评价		1学时	

一、编制质量分析报告

1. 数据分析（表 4-30，表 4-31）

（1）样品

表 4-30　样品

样品编号	取样体积/mL	样品吸光度(A)	试剂空白吸光度值(A_0)	$A-A_0$	测得量/μg	样品浓度/(mg/L)	分析者

（2）标准

表 4-31　标准系列

标准系列									
		1	2	3	4	5	6	7	
吸光度(A)	A_1								
	A_2								
吸光度平均值									
校正吸光度									

2. 绘制工作曲线

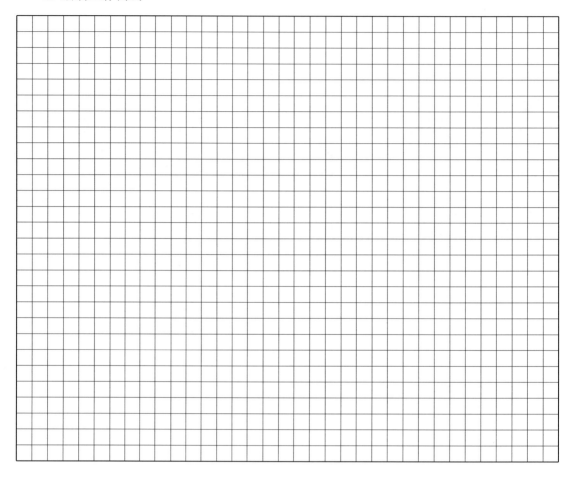

计算公式

$$C = \frac{m}{V}$$

TP（以 P 计，mg/L）＝

式中：m——试样测得含磷量，μg；

V——测定用试样体积，mL。

极差＝

相对极差＝

3. 结果判断（表 4-32）

表 4-32　检测数据判断

一、查阅标准，根据标准要求判断测定结果的准确性
1. 标准中规定：当测定结果自平行≤3.0％，满足准确性要求 　　　　　　　当测定结果自平行＞5.0％，不满足准确性要求 2. 实验过程中测定出的相对极差为：样品 1 ＿＿＿＿＿＿＿样品 2 ＿＿＿＿＿＿ 3. 判断：测定结果分析　符合准确性要求：是□否□ 思考 1：若不能满足自平行要求时，请对其原因进行分析。 （提示：个人不能判断时，可进行小组讨论）   思考 2：相对极差满足自平行要求后，但与质控样比较，相对误差不满足，是否能够出具报告了？ （提示：个人不能判断时，可进行小组讨论）   4. 结论： 由于样品 1 测定结果分析＿＿＿＿＿（是或不是）符合自平行要求，说明＿＿＿＿＿＿； 由于样品 2 测定结果分析＿＿＿＿＿（是或不是）符合自平行要求，说明＿＿＿＿＿＿。
二、依据质控结果，判断测定结果可靠性
1. 测定结果可靠性对比表

内　　容	TP 测定值
质控样测定值	
质控样真实值	
质控样测定结果的绝对极差	

2. 判断：质控样品测定结果分析　符合可靠性要求：是□否□ 3. 结论： 由于质控样品测定结果＿＿＿＿＿（是或不是）符合可靠性要求，说明＿＿＿＿＿＿。
三、分析测定中存在问题和操作要点

二、编制生活污水中阴离子表面活性剂含量检测报告

编制报告要求

① 无遗漏项，无涂改，字体填写规范，报告整洁。

② 检测数据分析结果仅对送检样品负责。

北京市工业技师学院
分析测试中心

检 测 报 告 书

检品名称＿＿＿＿＿＿＿＿＿＿＿＿＿＿＿＿＿＿＿＿＿＿＿

被检单位＿＿＿＿＿＿＿＿＿＿＿＿＿＿＿＿＿＿＿＿＿＿＿

报告日期　　年　　月　　日

检测报告书首页　　　　　北京市工业技师学院分析测试中心

字　（20　年）第　　号

| 检品名称_____ | | 检测类别 委托(送样) |

检品名称_____ 检测类别 委托(送样)

被检单位_____ 检品编号_____

生产厂家_____ 检测目的_____ 生产日期_____

检品数量_____ 包装情况_____ 采样日期_____

采样地点_____ 检品性状_____ 送检日期_____

检测项目_____

检测及评价依据：

本栏目以下无内容

结论及评价：

本栏目以下无内容

检测环境条件：　　　　温度：　　　　相对湿度：　　　　气压：

主要检测仪器设备：

名称　　　编号　　　型号

名称　　　编号　　　型号

报告编制：　　　　校对：　　　　签发：　　　　盖章

年　月　日

报告书包括封面、首页、正文（附页）、封底，并盖有计量认证章、检测章和骑缝章。

检测报告书

项目名称	限值	测定值	判定

报告书包括封面、首页、正文（附页）、封底，并盖有计量认证章、检测章和骑缝章。

三、评价（表4-33）

表4-33 评价

评分项目			配分	评分细则	自评得分	小组评价	教师评价
素养（40分）	纪律情况（15分）	不迟到、不早退	5分	违反一次不得分			
		积极思考回答问题	5分	根据上课统计情况得1～5分			
		三有一无（有本、笔、书，无手机）	5分	违反规定每项扣2分			
		执行教师命令	0分	此为否定项违规酌情扣10～100分，违反校规按校规处理			
	职业道德（8分）	与他人合作	3分	不符合要求不得分			
		发现问题	5分	按照发现问题得1～5分			
	5S（7分）	场地、设备整洁干净	4分	合格得4分 不合格不得分			
		服装整洁，不佩戴饰物	3分	合格得3分 违反一项扣1分			
	职业能力（10分）	质量意识	5分	按检验细心程度得1～5分			
		沟通能力	5分	发现问题良好沟通得1～5分			
核心技术（40分）	编制质量分析报告（20分）	完整正确	5分	全部正确得5分 错一项扣1分			
		时间要求	5分	15分钟内完成得5分 每超过3分钟扣1分			
		数据分析	5分	正确完整得5分 错项漏项一项扣1分			
		结果判断	5分	判断正确得5分			
	编制检测报告（20分）	要素完整	15分	按照要求得1～15分，错项漏项一项扣1分			
		时间要求	5分	15分钟内完成得5分 每超过3分钟扣1分			
工作页完成情况（20分）	按时完成工作页（20分）	按时提交	5分	按时提交得5分，迟交不得分			
		完成程度	5分	按情况分别得1～5分			
		回答准确率	5分	视情况分别得1～5分			
		书面整洁	5分	视情况分别得1～5分			
总分							
综合得分（自评20%，小组评价30%，教师评价50%）							

教师评价签字：	组长签字：

请你根据以上打分情况，对本活动当中的工作和学习状态进行总体评述（从素养的自我提升方面、职业能力的提升方面进行评述，分析自己的不足之处，描述对不足之处的改进措施）。

教师指导意见：

学习活动五　总结拓展

建议学时：8.5学时

学习要求：通过本活动，总结本项目的作业规范和核心技术，并通过同类项目练习进行强化提高拓展，要求及学时见表4-34。

表4-34　要求及学时

序号	工 作 步 骤	要　　　求	学　　　时	备　　　注
1	撰写生活污水中阴离子表面活性剂含量测定质量分析检测技术总结报告	能在180分钟内完成总结报告撰写，用专业术语语言	4学时	
2	编制地表水、水中阴离子表面活性剂含量测定质量分析测定方案（改进方法）	在小组讨论的基础上90分钟内按照要求完成新检测方法方案的编制	4学时	
3	评价		0.5学时	

一、撰写项目总结（表4-35）

要求：① 语言精练，无错别字。

② 编写内容主要包括：学习内容、体会、学习中的优缺点及改进措施。

③ 字数500字左右。

表 4-35　项目总结

_____项目总结
一、任务说明
二、工作过程

序　　号	主要操作步骤	主 要 要 点
1		
2		
3		
4		
5		
6		
7		

三、遇到的问题及解决措施
四、个人体会

二、编制检测方案

编制工业废水中阴离子表面活性剂含量测定检测方案（表4-36）。

表 4-36　检测方案

方案名称：＿＿＿＿＿＿＿＿＿＿＿＿＿

一、任务目标及依据

（填写说明：概括说明本次任务要达到的目标及相关标准和技术资料）

二、工作内容安排

（填写说明：列出工作流程、工作要求、仪器设备和试剂、人员及时间安排等）

工 作 流 程	工 作 要 求	仪器设备及试剂	人　员	时 间 安 排

三、验收标准

（填写说明：本项目最终的验收相关项目的标准）

四、有关安全注意事项及防护措施等

（填写说明：对检测的安全注意事项及防护措施，废弃物处理等进行具体说明）

三、评价（表 4-37）

表 4-37 评价

评分项目			配分	评分细则	自评得分	小组评价	教师评价
素养（40分）	纪律情况（15分）	不迟到,不早退	5分	违反一次不得分			
		积极思考回答问题	5分	根据上课统计情况得 1～5 分			
		有书、本、笔,无手机	5分	违反规定每项扣 2 分			
		执行教师命令	0分	此为否定项,违规酌情扣 10～100 分,违反校规按校规处理			
	职业道德(8分)	与他人合作	3分	不符合要求不得分			
		认真钻研	5分	按认真程度得 1～5 分			
	5S(7分)	场地、设备整洁干净	4分	合格得 4 分 不合格不得分			
		服装整洁,不佩戴饰物	3分	合格得 3 分 违反一项扣 1 分			
	职业能力(10分)	总结能力	5分	视总结清晰流畅,问题清晰措施到位情况得 1～5 分			
		沟通能力	5分	总结汇报良好沟通得 1～5 分			
核心技术（40分）	撰写水质总磷检测技术总结报告(20分)	语言表达	3分	视流畅通顺情况得 1～3 分			
		问题分析	10分	视准确具体情况得 10 分,依次递减			
		报告完整	4分	认真填写报告内容,齐全得 4 分			
		时间要求	3分	在 60 分钟内完成总结得 3 分 超过 5 分钟扣 1 分			
	编制工业废水总磷测定(钼酸铵分光光度法)测定方案(20分)	资料使用	2分	正确查阅维修手册得 2 分 错误不得分			
		检测项目完整	5分	完整得 5 分 错项漏项一项扣 1 分			
		流程	5分	流程正确得 5 分 错一项扣 1 分			
		标准	3分	标准查阅正确完整得 3 分 错项漏项一项扣 1 分			
		仪器、试剂	3分	完整正确得 3 分 错项漏项一项扣 1 分			
		安全注意事项及防护	2分	完整正确,措施有效得 2 分 错项漏项一项扣 1 分			
工作页完成情况（20分）	按时完成工作页（20分）	按时提交	5分	按时提交得 5 分,迟交不得分			
		完成程度	5分	按情况分别得 1～5 分			
		回答准确	5分	视情况分别得 1～5 分			
		书面整洁	5分	视情况分别得 1～5 分			
总分							
综合得分(自评 20%,小组评价 30%,教师评价 50%)							

教师评价签字:　　　　　　　　　　　　　　　　组长签字:

请你根据以上打分情况,对本活动当中的工作和学习状态进行总体评述(从素养的自我提升方面、职业能力的提升方面进行评述,分析自己的不足之处,描述对不足之处的改进措施)。

教师指导意见:

项目总体评价

建议学时: 1 学时

学习要求: 通过项目总评考察学生在本项目学习中对知识和技能掌握的情况，总体评价见表 4-38。

表 4-38   项目总体评价

项次	项目内容	权重	综合得分（各活动加权平均分×权重）	备注
1	接受分析任务	10%		
2	制定方案	20%		
3	实施检测	30%		
4	出具报告	20%		
5	总结拓展	20%		
6	合计			
7	本项目合格与否		教师签字：	

请你根据以上打分情况，对本项目当中的工作和学习状态进行总体评述（从素养的自我提升方面、职业能力的提升方面进行评述，分析自己的不足之处，描述对不足之处的改进措施）。

教师指导意见：